承载煤破裂过程热辐射响应特征研究

郝天轩　唐一举　李　帆　著

·北　京·

图书在版编目（CIP）数据

承载煤破裂过程热辐射响应特征研究/郝天轩，唐一举，李帆著 . --北京：应急管理出版社，2022

ISBN 978-7-5020-9176-7

Ⅰ.①承… Ⅱ.①郝… ②唐… ③李… Ⅲ.①煤岩—岩石破裂—热辐射—研究 Ⅳ.①P618.11

中国版本图书馆 CIP 数据核字（2022）第 018776 号

承载煤破裂过程热辐射响应特征研究

著　　者	郝天轩　唐一举　李帆
责任编辑	成联君
责任校对	张艳蕾
封面设计	安德馨

出版发行　应急管理出版社（北京市朝阳区芍药居 35 号　100029）
电　　话　010-84657898（总编室）　010-84657880（读者服务部）
网　　址　www.cciph.com.cn
印　　刷　廊坊市印艺阁数字科技有限公司
经　　销　全国新华书店

开　　本　710mm×1000mm$^1/_{16}$　印张　9$^1/_4$　字数　167 千字
版　　次　2022 年 4 月第 1 版　2022 年 4 月第 1 次印刷
社内编号　20220081　　　　　定价　36.00 元

前　　言

　　我国是煤炭生产和消费大国，也是灾害发生次数多、危害大的国家之一。煤矿各类灾害中，煤与瓦斯突出、冲击地压等煤岩动力灾害尤为突出。从能量的角度来看，煤岩动力灾害实质上是能量驱动超过条件阈值的一种状态失稳现象，而煤体温度异常变化表示能量的转移，是煤岩体做功和能量释放的外在体现。煤体的温度异常变化规律综合反映在煤体物理力学性质、瓦斯含量及煤层地应力上，且与煤岩破裂失稳演化过程密切关联，因此这三个因素可以作为瓦斯突出预警、冲击地压预警的一个辅助指标。因此，研究承载煤岩的力学性质、热辐射温度演化特征及规律，对于进一步认识和丰富煤岩动力灾害机理有着重要的作用。

　　本书回顾了煤岩破裂失稳前温度异常特征、煤岩破裂热力机理及热—流—固耦合等方面的研究历史与现状；介绍了热辐射基础理论、红外成像原理、红外成像系统及红外热像技术在煤岩破裂过程温度变化测量中的应用；利用自主研制的三轴煤岩破裂温度变化检测实验系统，实验分析了不同类型试样损伤破裂过程中温度变化特征；详细分析了应变速率对煤岩破坏形态及力学特性的影响，以热力学第一定律为基础分析了应变速率对能量演化特征的影响，总结了不同应变速率下热像演化及温度变化特征；通过数值模拟解算 PDEs，分析了煤体在承载破坏过程中的各物理场的变化，同时研究了影响煤体表面温度变化的因素，为能够利用温度作为辅助指标预警煤岩动力灾害提供理论基础。

热辐射温度响应作为煤岩动力灾害预警的一个辅助指标的理论与实验研究是一个长期过程，今后还需要更多更深入的研究来充实和完善温度响应的相关理论，以更好地服务生产实践。

在此，衷心感谢国家自然科学基金项目（51774117）的支持，感谢河南理工大学安全科学与工程学院、煤炭安全生产与清洁高效利用省部共建协同创新中心所提供的大力支持和帮助！

由于作者的水平有限，书中难免存在不足之处，敬请批评指正。

著　者

2021 年 12 月

于河南理工大学

目　　次

1 绪 论

1.1 研究背景及意义

我国是煤炭生产和消费大国,以煤炭作为主要能源,符合我国富煤、缺油、少气资源禀赋不可变化的国情,其他太阳能、风能、潮汐能等非石化型能源只能作为辅助能源,2009—2018 年的能源消费构成如图 1-1 所示。《中国能源展望2030》报告指出,到 2030 年煤炭总产量将控制在 3.6 Gt,煤炭占一次能源消费构成降至 50%,未来煤炭所占比重虽有所下降,但在相当长时间内仍将作为我国主导能源,这种格局在今后 50 年内不会有大的改变。

我国也是矿井灾害发生次数多、危害大的国家之一。在煤矿各类灾害中,煤与瓦斯突出、冲击地压等煤岩动力灾害尤为突出。2018 年,龙煤集团鸡西矿业立井发生煤与瓦斯突出事故,造成 5 人死亡、5 人受伤;2018 年,焦煤马村矿运输巷开切眼发生突出事故,造成 4 人死亡;2019 年 1 月,曲靖恒泰矿业有限公司大普安煤矿发生顶板事故,造成 4 人死亡,1 人受伤。

2020 年 4 月,应急管理部在《全国安全生产专项整治三年行动计划》明确提出,将逐步关闭小型矿井,到 2022 年全国大型煤矿的占比将达到 70% 以上,提升大型矿井的生产能力。而大型煤矿在向深部煤层开采的过程中,煤层地质条件愈加复杂化,煤层地质环境呈现高地应力、高瓦斯、低渗透的特点,煤岩动力灾害频发,对煤矿的安全生产带来了严重的不确定性。要对这类复杂多因素耦合的动力灾害进行有效防治,准确预警是关键。煤岩变形破裂失稳过程中会伴生声、电、光、磁等辐射信号,从这些信号中提取识别进而判读出煤岩失稳破坏的特征信息,对于理解煤岩破裂失稳机制及工程地质灾害预警具有重要的意义。国内外专家学者从多维度多尺度采用了声发射、红外辐射、微震、SEM 扫描电镜等手段,研究煤岩破裂失稳过程的辐射信号特征,发现了一些煤岩失稳破坏前兆特征的有价值成果。

从能量的角度来看,煤岩动力灾害实质上是能量驱动超过条件阈值的一种状态失稳现象,煤体温度异常变化表示能量的转移,是煤岩体做功和能量释放的外在体现。煤体的温度异常变化规律综合反映了煤体物理力学性质、瓦斯含量及煤

1.1 研究背景及意义

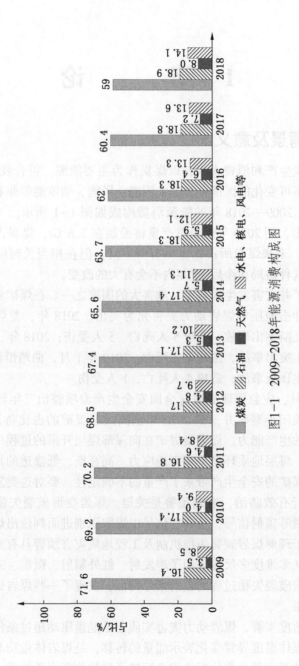

图1-1 2009—2018年能源消费构成图

层地应力三个因素，温度异常变化必然和煤岩破裂失稳演化过程密切关联，可以作为瓦斯突出预警、冲击地压预警的一个辅助指标，而目前在其基础理论方面尚存在不同的认识和观点。以往的对煤体温度异常的研究多是采用干燥煤岩试样，而实际工况下煤岩都含有水分，且目前多数矿井为防灾减灾进行水力冲孔、水力压裂等措施，使煤岩往往呈现的是一种含水状态。因此，有必要开展对含水煤岩破裂过程中温度的异常变化进行研究。

　　基于此，本书从探寻煤岩动力灾害预测预警的角度出发，研究了煤岩破裂失稳过程的热效应，以搭建三轴煤岩破裂温度变化检测实验系统为基础，实验分析不同类型试样在不同机械载荷，以及在不同瓦斯压力共同作用下，煤体破裂过程中温度的变化规律。根据理论分析及实验结果，建立破裂过程中能阐述温度变化的热—流—固耦合数学模型，并利用数值模拟软件 COMSOL 对建立的热—流—固耦合方程进行数值求解，分析应力、瓦斯压力、含水率等因素对煤体破裂过程中温度变化的影响。煤岩破裂过程中温度的变化规律，可以用于从能量的角度来进一步阐述煤与瓦斯突出机理，也可用于对矿爆、岩爆等动力灾害的监测和预报及工程方面应力变化的监测和预报。

1.2　国内外研究进展

　　国内外学者专家对煤体破裂失稳进行大量的研究，认为煤体的变形失稳过程实质上是能量积聚和耗散过程，在煤岩体破裂的力学过程中，弹性潜能释放、瓦斯膨胀解吸、瓦斯膨胀做功等都将影响煤体表面温度场的分布。

1.2.1　煤体破裂失稳前温度异常研究现状

　　国内外矿山在开采过程中，记录了煤体破裂失稳前温度有明显异常变化的现象。如 1951 年 12 月 2 日四川天府磨心坡矿发生煤和瓦斯突出前，工人感到工作面发冷，从煤面的裂缝内有冷气喷出，并有"咝咝呼呼"的声音；1989 年焦作矿务局西矿突出后，在孔洞附近打钻抽排瓦斯时，发现抽放管道发热，不抽时不发热，可见"热"来自抽出的瓦斯；英国的西思海德赖-彭特赖马尔矿的一次突出，突出物的温度高达 60 ℃。因此，研究煤体破裂失稳过程中温度异常变化很有现实意义。

　　前人利用生产温度记录，如煤体绝对温度、钻屑温度、钻孔内煤壁最大温差、瓦斯温度梯度等作为预测指标，并给出了预警的经验临界值。20 世纪 60 年代，波兰矿业研究院采用连续温度检测法，利用瓦斯温度梯度对煤与瓦斯突出进行预测预报。И. А. 雷任科等对煤层中煤绝对温度进行测量分析，认为在巷道断面内煤层温度沿煤层走向和倾向都有着急剧的变化，煤层中煤的温度梯度与突出危险性正相关，利用钻孔内的煤层温度梯度的最大值可以进行煤与瓦斯突出的预测预报。林述寅等采用深孔松动爆破来消除煤与瓦斯突出，计算出钻孔内煤壁温度最大温差可以作为预测指标。鲜学福、王宏图等选用钻屑温度和煤层温度作为预测指标，在平顶山矿务局十二矿对指标敏感性进行了测试，给出了钻屑温度临界值大于 5.5 ℃有突出危险性，煤层温度大于 4.5 ℃有突出危险性，反之则无突出危险性。李俊华结合矿井实际生产温度记录情况，用煤体温度高低作为预测煤层突出危险性程度的指标，基于经验临界值，煤体在 18.5 ℃以下会发生不同程度的突出，在 18.5 ~ 21.5 ℃会发生动力现象，在 21.5 ℃以上安全。邵军等也给出相应的温度测量方法及预警临界值。

此后，学者们在实验室也开展了相关的研究工作。郭立稳等对通过自主研发的煤体温度监测系统，记录了煤体在破裂过程中温度的变化，认为煤体的温度是先上升后下降并连续变化，温度上升是由于弹性能释放造成的，温度降低是因为瓦斯解吸和膨胀做功形成的。梁冰、刘建军通过数值模拟，得出煤体温度场分布、瓦斯压力分布及煤体应力分布图，煤体温度梯度与瓦斯压力正相关，温度梯度越大，突出危险性越大。程五一建立了瓦斯渗流恒稳传质和煤体摩擦产热的导热物理数学模型，较好地揭示了瓦斯涌出过程中，煤体产生热效应的内部物理过程，指出利用温度参数预测煤与瓦斯突出危险时，应选择某种煤体具有明显的热效应，才能把握预测突出的准确性。张才根利用高灵敏 HDG 红外测温仪，对 8 个不同的煤样，在注入不同压力的瓦斯后，进行了瓦斯解吸与温度实验研究，得出瓦斯含量与煤体问题变化正相关，温度变化量越大，则突出危险性也越大。赵庆珍引入红外诊断技术中绝对温差、相对温差、温差比的概念并加以改造，提出了绝对温差、临界温差、温差比 3 个红外特征指标作为敏感指标。

以上基于矿井实测温度记录、实验室研究均表明煤体温度异常变化与煤岩动力灾害密切相关，这些现场实例研究为应用温度梯度来预警煤岩动力灾害提供了坚实的基础，但是对受载煤岩破裂失稳前温度变化规律的机理研究，还需要进一步探索。

1.2.2 煤岩破裂热力机理研究进展

从能量角度看，煤岩破裂的能量主要来自煤岩的弹性潜能和瓦斯膨胀能。对煤岩破裂前温度的异常变化，国内外专家从不同角度进行了一些研究，下面将从煤岩弹性潜能、瓦斯膨胀能及瓦斯解吸吸热 3 个方面阐述对温度场分布的影响。

1.2.2.1 煤岩弹性潜能对温度变化的影响

研究表明，煤岩体在地应力（构造应力和自重应力）的作用下发生变形和破坏，同时消耗自身的弹性潜能。由于煤体富含孔隙裂隙，这些孔裂隙在地应力作用下将逐步扩展直到煤体破裂，其所消耗的弹性潜能主要转变为煤体裂隙扩展过程形成的尖裂区温度场、煤体表面能的增加、煤体颗粒之间摩擦搓揉产生的热量。为揭示煤岩弹性潜能引起温度异常的演化特征，学者们开展了煤岩体变形过程中温度监测的实验研究。

20 世纪 70 年代末，英国科学家研制了利用热辐射仪进行金属材料应力分析的固体力学实验新方法。80 年代中期，日本学者进一步采用红外扫描相机进行金属材料实时应力场分析，取得了良好的定性定量结果。Brady 等对岩石破裂过程中的电磁辐射研究，以期通过岩石的电磁波辐射来预报岩石的破裂。土出昌一和佐藤宽和用遥感技术研究地球物理现象，如火山活动规律与地震活动规律。

20 世纪 90 年代起，我国的地震专家对地震前的红外异常现象进行了探索。强祖基等首次利用卫星热红外异常对临震进行监测和实报。崔承禹等对岩石在不同压力下的辐射特性进行了研究，几乎所有的岩石在加载至破裂过程中都会出现升温现象，一般温度在 0.2 ~ 0.6 ℃。耿乃光等对 26 种岩石进行了辐射特征实验，研究结果表明辐射温度随应力的增加而增加，岩石临破裂前辐射温度随应力的变化而加快。邓明德、支毅乔等在实验室通过对不同岩性的岩石进行单轴加载实验，发现了岩石的辐射温度随应力的增加而增加，岩石表面温度变化在 0.2 ~ 0.8 ℃，岩石内部温度变化在 2 ~ 4 ℃；岩石破裂前兆信息，临破裂前出现高温条带、高温区或低温条带、低温区。

以上研究多限于大理岩、石英岩、花岗岩等坚硬岩石，对于地层中普遍存在的强度较低的煤体等就其变形破坏过程中辐射温度的研究也进行了研究。Wu L 等利用红外辐射观测煤岩变形过程中温度的变化；Zhao Y 等探究了煤体破裂前声发射和热红外辐射的关系；Ma L 等对煤样在单轴受载，观测其在载荷作用下的红外辐射特性；Wang C 等预测了石灰岩在单轴压缩下破坏的红外前兆点；Sun X 等利用红外热像仪和声发射技术对岩样发生岩爆的实验研究；Salami Y 等模拟了岩石破裂时的红外热像图；Li Z 等研究了基于红外辐射温度的煤损伤演化及表面应力场。

刘善军、吴立新等进行了煤岩受力过程的红外辐射探测实验的探索研究，监测了煤岩单轴循环的红外辐射，发现 3 类前兆信息：低温前兆、高温前兆、持续高温前兆，$0.79\sigma_c$ 附近是矿压及其灾害监测的应力警戒区。董玉芬等利用彩色密度分割图表表示温度的变化，发现试样边缘温度一般较高，试样表面中心附近温度一般较低，相差 0.1 ~ 0.2 ℃；岩石破裂后有明显的升温现象，而煤破裂后出现降温且降温过程有明显的滞后效应。表明温度变化越大，滞后效应越明显。

马瑾等在实验室观测到在断层失稳引起温度场和热红外辐射亮温温度场上升之前，在两断层段之间的岩桥区发生降温变化。陈顺云等根据热力学原理，弹性理论以及理想材料和岩石样本力学实验，发现温度响应与体应变变化呈正比，纯剪变形不引起温度变化。张艳博等以含孔岩石为试样进行单轴加载实验，表明含圆孔岩石在加载过程中压、拉应力呈对称分布，导致热像的升温和降温区对称分布，即压应力区升温，拉应力区降温，应力场与红外辐射温度场之间呈很好的对应关系。陈智强等对开挖诱发隧道围岩变形的红外热像实验研究，发现隧道围岩热辐射异常区域主要集中在隧道顶部、底部围岩和开挖工作面后方围岩，开挖速度提高后，热辐射异常区域最高温度提高了近2 ℃。马立强等利用红外测温仪实时测量煤岩体孔内的温度来得到其内部的温度变化特征，发现煤内部温度与时间、载荷都是正相关的。杨桢、李鑫等对通过在复合煤体（顶底板、煤）试样中部打孔，测量了内部、表面的红外辐射特征，建立煤、顶底板岩、泥岩温度与应力、应变之间的拟合方程。程富起等建立煤岩损伤模型，煤岩受载最高红外辐射温度—时间曲线与载荷—时间曲线有很好的对应关系，最高红外辐射温度能够反映煤受灾破坏情况。

以上基于煤岩受载破裂的实验表明，红外辐射温度随着受载应力增加而增加，在弹性形变期，岩石表面温度呈升高趋势，在塑性形变期呈降低趋势，之后岩石破裂。这些破裂过程中温度变化特征规律，多是基于单一的应力因素影响，对瓦斯、应力、煤体自身物理力学性质等因素耦合影响的研究较少。

1.2.2.2 瓦斯膨胀能对温度变化的影响

前人对煤岩破裂过程中瓦斯膨胀做功方面进行了不同程度的研究，瓦斯膨胀做功能量有一定深度的认识，认为瓦斯膨胀做功是吸热过程，但理论研究中存在着不同的观点和认识，对于瓦斯膨胀做功的认识主要还存在两个问题：瓦斯膨胀能的概念、瓦斯膨胀做功热力学模型。

1. 瓦斯膨胀能的概念

1976 年，苏联学者在文章中把瓦斯膨胀能称为瓦斯内能，这种观点在国内此后十多年被接受和认识。20 世纪 80 年代，朱连山、鲜学福、谭学术等对瓦斯膨胀能进行了重新认识。

瓦斯膨胀能是瓦斯在煤岩破裂膨胀过程中所做的功，即瓦斯膨胀功，具有过程的概念，膨胀功的能量来自于煤和瓦斯的内能。从分子热运动的观点来讲，气体内能是系统中所有气体分子之间势能和热运动动能综合。一般将瓦斯气体看作是理想气体，气体分子之间的相互作用很小，可以忽略分子势能不计，近似认为气体内能等于其动能。对甲烷等三原子以上的气体来说，其动能 $E = 3kT$，其中 k

是玻尔兹曼常数，T 是热力学温度。由此公式可以看出，气体内能是温度的函数，当热力学温度等于零时，气体内能等于零。可以看出，气体是否膨胀做功取决于压差，若 $p_0 = p$，则瓦斯膨胀能 W 等于零，所以瓦斯膨胀能和瓦斯内能是具有不同的概念。此后，刘明举、牛国庆、颜爱华、郭立稳、梁冰等专家学者通过理论分析和实验验证也证明了这一点。

2. 瓦斯膨胀做功热力学模型

在瓦斯膨胀能的计算上，国内外一些学者将瓦斯从煤体中释放出来的过程看作绝热过程、等温过程及偏向等温的多变过程。

1）绝热过程的热力学模型

部分专家学者主张把突出时的瓦斯膨胀过程视作绝热过程，其理由有两方面，一是整个突出只有约 40 s，突出过程短暂；二是煤和瓦斯的导热系数低，煤的导热系数是 0.0186 $W/(m·K)$，瓦斯的导热系数是 0.03 $W/(m·K)$。在突出过程中，煤和瓦斯在短时间内交换的热量很少，因此可以认为是绝热工程。瓦斯膨胀做功热力学模型：

$$W = \frac{P_1 V_1}{n-1}\left[\left(\frac{P_2}{P_1}\right)^{\frac{n-1}{n}} - 1\right] \tag{1-1}$$

式中　W——瓦斯膨胀能，J/mol；

　　　P_1——煤层瓦斯压力；

　　　P_2——突出发生后煤层瓦斯压力；

　　　n——气体的定压热容 C_p 与定容热容 C_v 的比值，即 $n = C_p/C_v$；

　　　V_1——煤层瓦斯体积。

2）等温过程的热力学模型

苏联学者 B. BХодот、姜文东等认为突出过程是一个等温过程，在突出仿真模拟中，系统温度变化很小，在 1 ℃左右，因此可以近似将此看作等温过程。在突出发生前吸附状态的瓦斯还没有解吸，不参与做功，只有处于游离状态的瓦斯才膨胀做功。瓦斯膨胀做功热力学模型：

$$W = P_1\left[\frac{m}{\rho}\varphi + (Q_{P_1} - Q_{P_2})m\right]\ln\frac{P_1}{P_2} \tag{1-2}$$

式中　　　W——瓦斯膨胀能，J/mol；

　　　P_1、P_2——煤层突出前后瓦斯压力；

　　　　　m——突出空洞的煤量；

　　　　　φ——煤的孔隙度；

　　　　　ρ——煤的密度；

Q_{P_1}——气压 P_1 时瓦斯的吸附量；

Q_{P_2}——气压 P_2 时瓦斯的吸附量。

3）偏向等温的多变过程的热力学模型

刘明举、颜爱华等学者认为煤与瓦斯突出是一个偏向于等温过程的多变过程，其主要原因是按照绝热过程。

$$\frac{T_2}{T_1} = \left(\frac{P_2}{P_1}\right)^{\frac{n-1}{n}} \qquad (1-3)$$

式中　T_1——瓦斯气体的起始温度，K；

T_2——压力下降后的瓦斯气体温度，K；

P_1——瓦斯气体的原始气压，Pa；

P_2——环境气压，Pa；

n——绝热过程指数。

假如取 $P_1 = 3$ MPa、$P_2 = 0.1$ MPa、$n = 1.31$、$T_1 = 293$ K，由计算可知，温度降低幅度为 $\Delta T = 161.99$ ℃。在生产实践中，突出时的温度没这么大的降低幅度；如果有这么大的温差，肯定会产生热交换能。因此，不能认为突出过程是绝热过程。梁冰等的实验结果也证明了这一点。

煤体是多孔介质，其中含有的瓦斯主要有游离和吸附状态存在。游离瓦斯膨胀做功，吸附瓦斯也膨胀做功。其瓦斯膨胀做功的热力学模型为

$$W = \frac{RT_0 a}{\nu(n-1)}\left\{\left[\frac{n}{3n-2}\left(\frac{P}{P_0}\right)^{\frac{n-1}{n}} - 1\right]\sqrt{P} + \frac{2(n-1)}{3n-2}\sqrt{p_0}\right\} \qquad (1-4)$$

式中　P_0——瓦斯气体的原始气压，Pa；

P——环境气压，Pa；

n——绝热过程指数。

1.2.2.3 瓦斯解吸吸热对温度变化的影响

煤体中的瓦斯吸附和解吸被认为是可逆的物理过程，吸附是放热过程，而解吸则是吸热反应，这已经被普遍接受。

梁冰通过实验研究了不同瓦斯压力、不同温度下，瓦斯吸附性能变化规律，得出了温度与吸附常数的表达关系式，从瓦斯吸附等温曲线图可以看出：随着温度的升高，瓦斯吸附量逐渐减少。

牛国庆、刘明举等利用自行研制设计的温度测定系统，对不同类型的瓦斯（N_2、CO_2）吸附解吸到平衡状态的过程中的温度变化进行了研究，主要得出了煤体吸附瓦斯过程是放热过程，瓦斯解吸过程是吸热过程；在吸附和解吸过程

中，温度变化幅度随压力变化幅度的增加而增加；吸附能力越强的瓦斯气体，在被吸附时放出的热量越多，解吸时吸收的热量也越多；同种瓦斯气体，在解吸过程中，原始瓦斯压力越大，解吸后温度降低的幅度就越大。

郭立稳等通过实验平台对不同瓦斯（CO_2、CH_4、N_2 等）吸附过程中煤体温度的变化进行了研究，证实煤体吸附瓦斯的过程是放热过程；煤体吸附不同的瓦斯时，放出的热量不同：吸附 CO_2 时最大，CH_4 次之，N_2 最小；煤对其吸附能力越强的瓦斯，吸附时放出的热量越大。对于同一种瓦斯，吸附的瓦斯压力越大，即瓦斯吸附量越大，吸附过程放出的热量越大。

刘纪坤等利用自行设计加工的含有锗单晶的专用瓦斯吸附罐，对不同条件下煤体瓦斯吸附解吸过程温度变化规律进行了实验研究。研究结果表明：煤体瓦斯吸附过程为放热过程，解吸过程为吸热过程，其温度变化的幅度与煤的变质程度、瓦斯吸附平衡压力、煤的粒径、吸附气体的种类以及煤样的含水率相关，温度变化曲线符合指数函数。刘志祥等系统地阐述了吸附热产生的微观机理，根据势能模型，得到了基于玻尔兹曼分布的两能态模型，并推导出相应的吸附热计算公式。马月彬、董利辉等设计了瓦斯吸附解吸温度实验测量系统，通过自制的煤样，实验研究了在 20 ℃的恒定温度下，不同煤样瓦斯吸附量以及瓦斯吸附过程温度变化情况，并且绘制温度场。杨涛利用设计完善的煤体瓦斯吸附解吸测试系统，进行了不同条件下的煤体瓦斯吸附解吸规律实验研究。研究结果显示：煤体瓦斯吸附过程为温度升高的放热过程，解吸过程为温度降低的吸热过程。

国内外专家学者通过开展不同的实验，对煤体解吸吸附过程中进行了一定深度研究，其是可逆的物理过程，吸附是放热过程，而解吸则是吸热反应。引起煤岩温度异常变化的主导因素是煤岩的弹性潜能、瓦斯膨胀能及瓦斯解吸，弹性潜能引起煤体温度升高，瓦斯解吸和瓦斯膨胀引起煤体温度下降，且后者影响幅度要大于前者，煤体温度总体上降低，这一观点已被大多数人所接受，但它们对煤体温度变化综合影响比较复杂。因此，需要通过深入研究，分析瓦斯解吸、膨胀及煤岩弹性潜能对煤体温度综合影响的关系。

1.2.3　热—流—固耦合研究现状

在岩土工程领域中，温度—渗流—应力 3 种物理场耦合一般称为热—流—固耦合。国外学者在热—流—固耦合方面的研究，已有较多成果可见，但绝大部分都是围绕核废料深埋处理、石油热采及地热资源的开发和利用等方面开展。如Bear 等研究了地热资源开采过程中，地热区域内地应力、地温以及岩石的渗透率变化的规律。Vaziri 建立了基于非等温单相渗流和非线性弹性变形的流固耦合模型，并用有限元方法对所建立的模型进行了求解。Lewis 等开展了变温油藏渗流规律和因油气开采引起的地面沉降问题的研究，考虑了温度变化和岩石变形对渗流的影响以及渗流对温度场变化的影响。Gutierrez 和 Makurat 建立了 THM 耦合模型用来模拟裂缝性储层冷水注入的耦合过程，可惜的是没有考虑岩石变形对温度场的影响，即没有考虑固—热耦合效应，没有建立完全意义上的热—流—固耦合模型。国内学者在此领域的研究工作虽然起步相对较晚，但也取得明显的成绩。孔祥言等基于线性热弹性理论，介绍了饱和多孔材料多场耦合的完整方程组，包括渗流方程、本构方程和能量方程，并讨论了对它的求解内容及其在相关工程技术领域的应用。黄涛基于对深层地下水资源的开采利用和对岩体工程中易发生的地质灾害预测防范研究的目的，提出了开展裂隙岩体 THM 耦合作用研究设想，为环境工程学科中防灾减灾工作及水资源合理利用提供了一个新的研究方法。王自明建立了两类油藏 THM 耦合模型，并编制程序给出了第一类非完全耦合模型的数值解。贺玉龙等根据质量守恒方程、线动量平衡方程和能量守恒方程以及相应的物性方程，推导了非饱和岩体 THM 耦合控制方程，指出非饱和岩体与饱和岩体的三场耦合控制方程在形式上无明显差别，但在进行数值模拟时，却有较大的差别。

岩石领域中油藏系统的热—流—固耦合，作用机理的研究已相对成熟。煤岩因自身的物理特性及所处的开采环境决定其特别于常规油气藏。在煤层瓦斯渗流规律研究方面，为了更切合现场，只考虑采深增加而引起的高地应力和低渗透性还远远不够，需连同随采深增加引发的高温效应共同考虑在内，即要将地球物理场中的温度场、渗流场和应力场三场同时耦合考虑。

现煤岩方面的热—固—流耦合多关注于对瓦斯渗流规律的研究。贺玉龙等推导了非饱和岩体温度场—渗流场—变形场的三场耦合控制方程，指出温度对非饱和岩体的渗流影响更为复杂。盛金昌给出了多孔岩体介质的流—固—热三场全耦合数学模型，并以 FEMLAB 工具为基础，进行三场耦合数值求解，结果表示流—固—热三场耦合作用对井壁的稳定分析有重要影响。陶云奇构建了含瓦斯煤的 THM 耦合模型，该模型实现了含瓦斯煤的双向完全耦合。赵阳升等详细介绍了土木工程、环境工程、资源与环境工程领域中的多孔介质多场耦合作用的科学与技术，指出耦合作用理论包含固体应力场、渗流场、温度场和浓度场 4 个场的耦合，并就一些实际问题进行相应的介绍与讨论。张丽萍利用 COMSOL Multiphysics 软件对煤层气流—固—热耦合模型进行数值模拟分析，经过对比分析得出在进行煤层气流—固—热耦合中应考虑煤吸附变形的效应。尹光志、许江等运用自主研发的"含瓦斯煤热流固耦合三轴伺服渗流实验装置"进行了恒定瓦斯压力和围压条件下含瓦斯煤的热—流—固耦合全应力—应变瓦斯渗流实验，并得出了温度、应力的变化对煤体渗透率、弹性模量等的影响。杨通、刘峰应用软件 ADINA 以石油生产中的热力采油为例，进行多孔介质热流固耦合分析并进行数值模拟分析了不同因素对储油层的影响。李勇、林缅等建立了热—流—固多场完全耦合渗流数学模型，研究了全耦合偏微分方程组的求解方法，采用有限体积法和有限元方法结合的数值模拟方法对耦合数学模型进行求解。冯雨实、梁永昌应用有限元软件以宁武盆地每层的煤层气水平井为研究对象，发现考虑到热—流—固耦合作用时的结果与工程实际更加吻合。秦涛、张凯云等建立含瓦斯煤岩体热—流—固耦合数值模型，并对掘进面进行数值模拟，研究不同温度条件下瓦斯压力、瓦斯渗流速度、煤岩体位移的变化情况。结果表明：温度变化不大的情况下，掘进工作面的瓦斯浓度随温度变化不明显，煤壁工作面附近的瓦斯压力梯度增大。李涛、张俊文等结合所建立的含瓦斯煤岩体的多物理场耦合数学模型，利用 COMSOL 软件进行数值求解，通过设定一定的物理参数和边界条件构建物理模型，进行多物理场耦合研究，认为在瓦斯压力大、透气性低的煤岩体中，瓦斯压力梯度最容易在掘进面附近区域升高，从而造成煤与瓦斯突出的发生。

在煤层瓦斯渗流的热固流耦合方面，所建的物理模型，其中大部分渗流场方程中体现了煤岩变形场和温度场变化项，煤岩变形场方程中体现有流体渗流场瓦斯压力项和瓦斯解吸热能耦合项，煤层温度场方程中体现有渗流场和变形场的耦合项。但这些研究多是关注于热流固耦合条件下瓦斯渗流的模拟，而在对含瓦斯煤岩破裂过程的表面温度场规律仿真模拟的研究报道较少。

2 红外热成像技术

2.1 热辐射的基础理论

自19世纪麦克斯韦尔证明光是一种电磁波以来，人类对不同波长范围的各类电磁波的性质及其应用性进行了卓越有效的研究，并建立了如图2-1所示的从γ射线到无线电波的连续波谱图。其中具有热效应的红外波长范围为0.78~1000 μm。从理论上讲，自然界中高于绝对温度（-273.15 ℃）的物体都向外辐射不同波段的电磁波，这是由于物体内部微观粒子的运动造成的。其产生机制有电磁振荡，晶格分子的热运动，晶体、分子或原子的电子能级跃迁，原子核的振动与转动，内层电子的能级跃迁，原子核内的能级跃迁等。而红外辐射产生的机制则主要是分子振动能级和转动能级跃迁的结果。

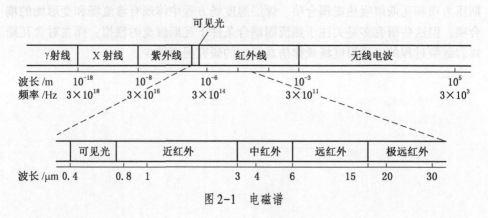

图2-1 电磁谱

在实际应用中，为了方便起见，将红外波段又细划分为近红外（0.76~3 μm）、中红外（3~6 μm）、远红外（6~15 μm）和极远红外（15~1000 μm）。近红外在性质上与可见光相似，所以又称为光红外。由于它主要是地表反射太阳的红外辐射，所以又称为反射红外。中红外、远红外和极远红外是产生热感的原因，所以又称为热红外。物体在常温范围内，发射红外线的波长多在3~40 μm，而15 μm以上的超远红外线易被大气和水吸收，所以在遥感技术中，主要利用3~15 μm

波段，而在这个波段又存在两个大气窗口：3~5 μm 和 8~14 μm 波段。所以红外遥感多利用这两个波段。

2.1.1　表面辐射性质的基本术语

（1）辐射能：以电磁波的形式发射、传输或接收的能量，单位为 J。

（2）辐射通量：在单位时间内通过某一表面的辐射能量，单位为 W（即 J/s）。

（3）辐射通量的空间密度：指在单位时间内，从单位面积上辐射出的辐射能量，单位为 W/m²。当具体考虑辐射的发射和入照时，可分别使用辐射出射度和辐照度。

（4）点辐射源的辐射强度：指点辐射源在某一给定方向上单位立体角内的辐射通量，单位为 W/sr。

（5）面辐射的发射亮度：辐射源在某方向的单位投影面积在单位立体角内的辐射通量，单位为 W/(m²·sr)。

点辐射源辐射能力仅使用辐射强度，而面辐射源，尤其是考虑微分面元或有限面积的辐射时，则既可以用辐射强度也可以用亮度。对于辐射亮度与方向无关的辐射源称为朗伯源。它的辐射强度满足：

$$I(\theta) = I_0\cos\theta \tag{2-1}$$

式中　　　　θ——辐射方向与物体表面法线的夹角，（°）；

　　　　　　I_0——θ 为 0 时的辐射强度，W/sr；

　　　　　　$I(\theta)$——在 θ 方向上的辐射强度，W/sr。

对于平行辐射，辐射能是在同一方向传播，射线所张的立体角为零，不能应用辐射亮度的概念。一个接受平行辐射的表面，它得到的辐射能只决定与该面在射线垂直方向上的投影面积。

（6）吸收、反射和透射：一般来说，投射至物体的辐射能一部分会被物体吸收转变为物体的内能或其他形式的能量，一部分被反射回去，一部分会穿透物体射出去。所以投射至物体的辐射能是三部分的总和。

（7）黑体和灰体：如果某一物体对任何波长的辐射能都能全部吸收，则称该物体为绝对黑体。如果某一物体的吸收率小于 1，且不随波长而变，则称为灰体。绝对黑体在自然界是不存在的，但在理论上有重要的地位。实验室中可以人工制造出尽量接近黑体的表面。

2.1.2　支配辐射规律的四大定律

1. 基尔霍夫定律

通常，一个物体向周围放出辐射能的同时，也吸收周围物体所放出的辐射能。基尔霍夫定律确定了这种发射与吸收的关系。它可以描述为：物体的发射能

力与吸收能力的比值和物体的性质无关，它们是温度和波长的普适函数。数学表达式为

$$\frac{F_{\lambda,T}}{A_{\lambda,T}} = E(\lambda,T) \tag{2-2}$$

式中　　　$F_{\lambda,T}$——任何物体的辐射出射度，W/(m² · μm)；

　　　　　　$A_{\lambda,T}$——物体的吸收率；

　　　　　　$E(\lambda,T)$——同一温度下黑体的辐射出射度，W/(m² · μm)。

　　基尔霍夫定律表明，吸收能力强的物体其发射能力也强。黑体的吸收率为1，其发射能力也最大。我们只要知道一物体的吸收光谱，其辐射光谱也就立刻得以确定。通常将物体的辐射出射度与相同温度下黑体的辐射出射度的比值，称为物体的比辐射率，它是物体发射能力的表征。

　　2. 普朗克定律

　　绝对黑体的辐射光谱对于一切物体的辐射规律具有根本的意义。1900 年，普朗克引入量子的概念，将辐射当作不连续的量子发射，成功地从理论上得出了与实验精确符合的绝对黑体辐射出射度随波长和温度的分布函数，被称为普朗克定律，它是热辐射中最重要的定律。用数学表达式表示如下：

$$E(\lambda,T) = \frac{2\pi hc^2}{\lambda^5} \frac{1}{e^{ch/\lambda kT} - 1} \tag{2-3}$$

式中　$E(\lambda,T)$——绝对黑体辐射出射度，W/(m² · μm)；

　　　　c——光速，取 2.99793×10⁸m/s；

　　　　h——普朗克常数，为 6.626×10⁻³⁴J · s；

　　　　k——玻尔兹曼常数，为 1.3806×10⁻²³J/K；

　　　　T——黑体的绝对温度，K；

　　　　λ——波长，μm。

　　由普朗克定律可以得到如图 2-2 所示的不同温度下的黑体的光谱辐射曲线，它与实验获得的结果相印证。

　　图 2-2 中曲线形式表明如下：

　　(1) 在任何温度下，黑体的光谱辐射出射度都随波长连续变化，每条曲线只有一个极大值。

　　(2) 各条曲线互不相交，并且曲线随黑体温度的提高而整体提高，即统一波长处较高温度的辐射出射度也较高。

　　(3) 随温度的提高，与光谱辐射出射度极大值对应的波长减小。即温度的升高，黑体辐射中包含的短波部分所占的比例增大。

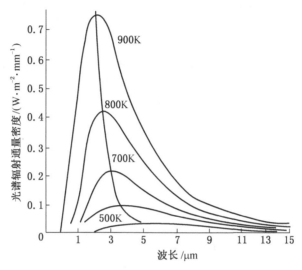

图 2-2 不同温度下的黑体的光谱辐射曲线

（4）上述黑体的辐射特性与构成黑体的材料无关，只决定与黑体的绝对温度。

3. 维恩位移定律

1893 年，维恩从热力学理论推导出黑体光谱辐射的极大值对应的波长为

$$\lambda_{max} = \frac{b}{T} \tag{2-4}$$

式中　b——常数，为 2897.8 μm/K。

对于当 $T = 6000$ K 的黑体，$\lambda_{max} = 0.483$ μm（蓝色光），对于 $T = 300$ K 的黑体，$\lambda_{max} = 9.66$ μm（远红外）。

4. 斯蒂芬—玻尔兹曼定律

1879 年，斯蒂芬由实验发现，绝对黑体的积分辐射能与其温度的 4 次方呈正比：

$$E_T = \sigma T^4 \tag{2-5}$$

式中　E_T——黑体在温度 T 时在所有波段上的总体辐射强度，W/m²；

　　　σ——斯蒂芬—玻尔兹曼常数，为 5.6696×10^{-8} W/(m² · K⁴)。

其实，对给定温度下的普朗克曲线进行积分，就可以得到斯蒂芬—玻尔兹曼定律公式。

上述定律只使用与黑体辐射，但是在自然界中，黑体辐射是不存在的，一般

物体辐射能量总要比黑体辐射能量小。对于非黑体（一般物体），需要引入一个表征物体发射能力的物理量（即光谱发射率），才能利用黑体辐射的有关公式进行计算。光谱发射率是指物体的辐射出射度 E（即物体单位面积发出的辐射总通量）与同温度的黑体的辐射出射度 $E_{黑}$（即黑体单位面积发出的辐射总通量）的比值，常用 ε_λ 表示。事实证明，物体的发射率与其温度、波长有关，有时也与其发射方向有关。物体的发射特性曲线如图 2-3 所示。

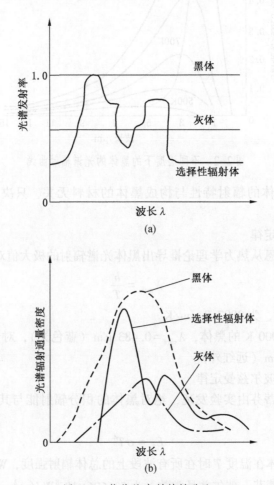

图 2-3　物体的发射特性曲线

物体发射率随着波长变化的规律，称为物体的光谱发射特性。将物体的光谱发射率与波长的关系在直角坐标系中描绘出来，称为物体的发射特性曲线。

由图 2-3 可知，一种物体的发射率在各个波长处不相同，即 $\varepsilon_\lambda = f(\lambda)$；另一种物体的发射率在各波长处基本不变，即 $\varepsilon_\lambda = \varepsilon$。按照 ε_λ 的变化情况可以将物体划分为以下几个类型：

（1）绝对黑体，$\varepsilon_\lambda = 1$。

（2）灰体，$\varepsilon_\lambda = \varepsilon$，但 $0 < \varepsilon < 1$。

（3）选择性辐射体，$\varepsilon_\lambda = f(\lambda)$。

（4）理想反射体（绝对白体），$\varepsilon_\lambda = 0$。

自然界中的物体，一般都可以近似地看成灰体，故根据黑体的斯蒂芬—玻尔兹曼定律可得出一般物体的斯蒂芬—玻尔兹曼定律：

$$W_\lambda = \varepsilon \sigma T^4 \tag{2-6}$$

式中　W_λ——物体在温度 T 时在所有波段上的总体辐射强度，W/m^2；

　　　ε——物体的发射率。

式（2-6）也是红外热像仪进行测温和温度监测的理论基础。

以上即为红外辐射的基础定律。红外辐射温度其实是限定区域内的物体自身辐射强度的平均值，而热红外图像是用来显示物体辐射能量场变化的视频或图片。在热红外图像中，一般颜色浅的代表物体辐射强度大、表面温度高；相反，颜色暗的则表示物体辐射强度弱、表面温度低。

就岩体而言，影响其辐射率和表面温度的因素主要为它的表面状态和自身的物理特性，包括密度、粒度、粗糙程度、孔隙率、是否含水、表面颜色以及是否反光等。一般情况下，表面粗糙、颜色深且不反光的岩体自身辐射率较高；而表面光滑、颜色浅的通常辐射率比较低。除此之外，影响岩体表面温度的主要因素则为自身的热学特性，包括热传导率、热容量等。

2.2　热成像原理及热像仪

2.2.1　热成像原理

热成像技术是将不可见的红外辐射转化为可见图像的技术，利用这一技术研制成的装置称为热成像装置或热像仪。热像仪是一种二维平面成像的红外系统，它通过将红外辐射能量聚集在红外探测器上，并转换为电子视频信号，经过电子学处理，形成被测目标的红外热图像（图 2-4）。与可见光的成像不同，它是利用目标与周围环境之间由于温度与发射率的差异所产生的热对比度不同，而把红外辐射能量密度分布图显示出来。

2.2.2　红外热像仪的特点

利用红外热像仪进行测温具有以下的特点：

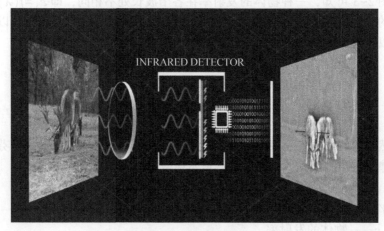

图 2-4　红外热成像技术

（1）非接触式：不用触碰到被测温度场表层，因此不容易影响被测温度场，红外热像仪自身也不会受到热应力的损害。

（2）测温速度快：红外热像仪相应速度快，一旦接收到物体目标的红外辐射就可以在短时间内显示。

（3）敏感度高：被测物体温度有细微变化，辐射源就会有很大变化；便于监测到，可用于细微温度转变的温度监测。

（4）测量范围大：基于其测温原理，一般情况下监测范围可从负几十摄氏度到上千摄氏度。

（5）被动式：不需要配置辐射源，完全利用目标自身的热辐射来成像。

（6）全天候：既可以在白天工作，又能在夜间工作。

（7）全场性：不同于一般的温度测定方法，热像仪可以直观显示目标表面的温度场分布，可实现无损监测。

2.2.3　热成像的测温原理

红外热像仪并不是通过直接接触来测量物体表面的温度，而是通过测量物体放射出的红外辐射能来确定的。其中辐射能与温度之间有一定的函数关系，由此可以间接测得并显示出物体的实际温度值。

一般情况下在使用热像仪测量物体温度时，仪器接收到的辐射不仅包含目标物的辐射，还会受到一定外界环境辐射的干扰。所以为了能够保证所测量的温度值的准确性，需要对测温的热像仪添加系数补偿，而补偿系数的个数需要根据影响因素来确定。对于外界的辐射能量的补偿需要将相关参数输入热像仪内，包括物体辐射能的发射率、测量距离、大气温度和湿度等诸多因素。而热像仪显示的温度可通过下式计算得到：

$$I_m = I(T_o) \times \tau \times \varepsilon + I(T_s) \times (1 - \varepsilon) \times \tau + I(T_a) \times (1 - \tau) \quad (2-7)$$

式中　I_m——热成像仪测量到的总辐射能；

　　　I——黑体的辐射能量；

　　　T_o——目标物体的温度；

　　　T_s——反射到物体的背景周围环境在热像仪光谱范围内的平均温度；

　　　T_a——物体与热像仪之间的大气温度；

　　　ε——热像仪在光谱范围内物体的平均发射率；

　　　τ——热像仪在光谱范围内平均大气穿透率。

2.2.4　基于热成像的监测技术

从广义上讲，岩石在应力作用下的红外监测（或检测）也属于材料的无损检测范畴。只是一般的无损监测技术是材料静态情况下进行的，主要目的是检测材料内部是否存在缺陷。而本书主要是研究对不同条件下煤岩在应力动态作用时的红外观测，主要研究目的是得到煤岩在不同状态下的力学参数以及对其过程中的红外辐射的影响。

所谓无损检测（NDT）是指在不损伤和不破坏材料、产品、构件的情况下，对其性质、状态和内部结构进行的各种检测，并做出相应的评价。它涉及声学、光学、电磁理论、射线学、电子学、化学、分子物理等多门学科以及一些较先进的技术领域，发展十分迅速。

在无损检测技术中，由于红外热像检测（TNDT）本身具有的全天候、实时性、全场性、非接触性等优点，因而在 NDT 技术中有着重要的位置。它的原理是：当材料存在缺陷时，缺陷处的热性能与周围不同，从而导致温度场的不一致，而利用红外热像仪就可以将这种不一致探测出来。目前，这项技术已被广泛应用于金属材料、塑料、陶瓷、混凝土、化合材料、结构、工程建筑等缺陷检测中。

3 承载煤岩损伤破裂过程 热辐射实验研究

煤岩红外辐射是受载煤岩体破裂失稳过程中向外释放电磁辐射的物理过程或现象，在辐射能释放过程中表现为温度的变化，故也称为热辐射。

针对煤岩破裂失稳过程中热辐射变化规律，国内外学者做了大量的研究工作，认为煤岩在受载情况下出现红外辐射异常特征。邓明德等通过对不同岩性、不同结构的岩石试样进行单轴加载破裂实验，发现破裂前出现明显不同的屈服前兆信息。WU L等以花岗闪长岩和大理岩试样单轴加载红外观测实验为例，对岩石破裂前红外热像的时空演化特征进行了分析。董玉芬等对强度较低的煤体等其变形破坏过程进行了监测，认为微破裂越强红外热像就越明显。MA L等研究了在单轴载荷作用下应力对裂隙发育和压裂过程中红外的控制作用，探讨了煤体破坏过程中红外温度突变的前兆。

上述研究为承载煤岩的红外辐射研究奠定了良好的基础。但由于不同研究者所使用的实验条件、实验参数设计不同，使得红外辐射特征和规律的研究结果难以统一认识，并且对已发现现象的重复性、证实性等方面的煤岩红外热辐射实验研究仍比较缺乏；另外，这些研究多限于大理岩、石英岩、花岗岩等坚硬岩石，对于地层中普遍存在的强度较低的煤岩等变形破裂过程中红外辐射相关研究仍显得力度不够。因此，有必要对不同类型煤岩试样破坏的红外热辐射特征和规律进行更深入的对比研究。

3.1 承载煤岩破裂热辐射实验系统与试样制备

3.1.1 实验系统

利用相似理论，搭建三轴煤岩破裂温度变化检测实验系统，该系统包含三轴夹持器系统、三轴加载系统、进气系统、抽真空系统、计量系统、温度测量系统、数据采集控制系统等。实验系统示意图如图3-1所示，实物图如图3-2所示。

1. 加载系统

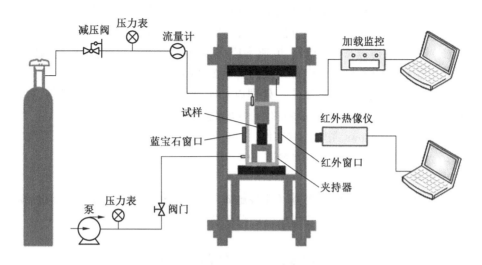

图 3-1 三轴煤岩破裂温度变化检测实验系统示意图

图 3-2 三轴煤岩破裂温度变化检测实验系统实物图

加载系统采用 WYW-100DS 微机控制电液伺服万能材料实验机控制系统，该系统由压力机、加载控制器、MaxTest 控制程序等组成。压力机参数分别为最大实验力 100 kN，实验力示值相对误差不大于 ±0.5%，位移示值误差不大于 ±0.5%，变形示值误差不大于 ±0.5%，应变等速率控制范围为 0.00007 ~ 0.0025 s^{-1}。该加载系统具有以下特点：

（1）采用计算机和电液伺服系统进行控制加载，完全自动控制，可自动绘制并时时显现力—变形、力—位移、应力—应变、力—时间等多种实验曲线。

（2）可实现恒速率力控制、恒速率应力控制、恒速率应变控制、恒速率行程控制、循环疲劳控制及用户自编程控制等多种控制方式。

（3）采用微机自动数据采集、处理以及实验数据与实验曲线同步屏幕显示。实验曲线可局部放大并可进行多曲线的叠加比较。

（4）采用 Windows 系统控制软件，可自动求取弹性模量 E、剪切模量 G、泊松比 μ、内摩擦角 φ 等多项力学参数。

2. 温度采集系统

实验设计了瞬时高精外测量（非接触式），可以实现煤岩破裂过程瞬时温度变化的测量记录。高精度红外测温仪如图 3-3 所示。

图 3-3　高精度红外测温仪

红外热像仪采用适用于教育科研类的上海热像科技 Fotric225s 型，它能够直观、快速地判断高低温点和温度分布，可实时监测展现温度趋势。系统采用的红外分辨率为 320×240 像素，视场角为 24°×18°，温度灵敏度达到 0.03 ℃，响应光谱波段范围为 8～12 μm，热灵敏度小于 0.05 ℃@30 ℃，测温范围在 -20～350 ℃，环境温度在 10～35 ℃时测温精度为 ±2%，图像采集最高 30 Hz 帧频。接触式温度传感器采用 PT100 型，量程为 -100～500 ℃，分辨率为 0.01 ℃。

该实验系统考虑温度—应力—渗流耦合的岩石三轴流变，既能单向加压又能各向加压的瓦斯吸附解析实验装置，并配备高灵敏度的测温仪和红外热像仪，主要用于测试不同类型的煤样在不同机械载荷，以及在不同瓦斯压力共同作用下，煤体破裂过程中温度的变化规律。系统主要实验功能如下：

（1）在以不同速度恒速加载轴压、围压的动载荷及恒压静载荷下，测定煤岩轴向、径向变化规律。

（2）注入某个压力的瓦斯，经过一段时间后，让煤样吸附瓦斯，并使瓦斯压力值稳定在某一数值。

（3）对试样等应变速率加载，利用高灵敏度的测温仪、红外热像仪连续记录试样破裂过程及瓦斯解吸过程中的温度变化。

（4）综合分析不同类型的煤样，在不同机械载荷及不同瓦斯压力共同作用下温度的变化规律。

（5）设备采用模块化设计，便于操作、移动和维护。设备自动化程度高，实时采集压力、应力、位移、温度等数据。

3.1.2　试样及其制备方法

为满足煤岩试样的典型性与多样性，实验所需煤岩试样主要取自焦煤古汉山矿焦煤赵固一矿、鹤煤八矿、平煤十矿、神火某矿及济宁二矿等。其中，济宁二矿、焦煤古汉山矿、焦煤赵固一矿煤质坚硬，鹤壁八矿、平煤十矿煤质松软。这些试样分别具有不同的成因环境及物理力学性质，从而使实验数据更全面，更具有对比性，对煤岩受载破裂过程中的温度变化特征认识更前进一步，为矿山灾害、地质工程灾害等的红外遥感监测及预警提供实验支持。

对于较为坚硬煤岩，采用块煤取样法。块煤取样法首先需要从井下获取完整性较好的大块煤样，经密封和加固措施运回实验室，使用岩石钻芯机钻取煤柱，最后利用岩石切割打磨机制作标准尺寸的实验煤样。试样按照国际岩石力学学会（ISRM）的尺寸标准制备加工，加工为 50 mm×50 mm×100 mm 的长方体试样。仔细打磨试样上下两端，使煤样加工精度同时满足：煤样两端面不平行度误差不大于 0.005 mm，端面不平整度误差不大于 0.02 mm；端面垂直于试样轴线，最大偏差不大于 0.25°；沿煤样高度上直径误差不大于 0.3 mm。

对于松软煤岩，裂隙较为发育，强度极低，一般难制成满足力学和红外辐射实验要求的标准尺寸原煤样，采用特制模具加工型煤。相关研究表明，型煤可以代替原煤完成相关的力学实验，同原煤相比型煤具有均质且各项同性的特点，避免了使用原煤无法剔除结构差异带来的影响。本实验所使用的型煤煤样，其制作过程如下：

（1）使用颚式破碎机将小块散煤进行破碎，并用筛网筛选粒径小于 0.5 mm、0.5 ~ 1 mm、1 ~ 3 mm 的煤样。

（2）在干净容器内按照颗粒粒径 2∶1∶1 的配比和少量蒸馏水混合搅拌均匀，后称取一定质量的试样放入内径为 50 mm 的模具内。

（3）以 300 N/s 的速率加载轴压至 200 kN，稳压保持 30 min，脱模取出煤样，制成 $\phi50$ mm×100 mm 的试样。

（4）利用电热烘烤箱，温度设置为 105 ℃，干燥 24 h，经保鲜膜密封备用，制备完成。部分实验煤样如图 3-4 所示。

(a) 原煤煤样

(b) 型煤煤样

图 3-4 部分实验煤样

对于原煤和型煤，分别采用自由浸水法和定量加水法制作不同含水状态的煤样。不同含水率原煤试样制作过程：①干燥试样制作。实验之前将干燥煤样放在烘烤箱中，烘烤温度设置为 105 ℃，烘烤 24 h 后，称其质量并用塑料保鲜膜密封五六层后储存在阴凉地方。②含水试样制作。采用自由浸水法，将烘烤 24 h 的煤岩样品浸泡在水中，先注水至样品高度的 1/4 处，以后每隔 2 h 注水至样品高度的 1/2 和 3/4 处，6 h 内全部浸没样品，48 h 后用干燥的毛巾抹去样品表面的水分，称其重量，分别计算其吸水率，之后再用塑料保鲜膜密封保存。

不同含水率型煤试样制作过程步骤：将煤样放入 105 ℃ 电热烘箱烘烤 24 h 后，认为此时含水率为 0，根据含水率事先计算的方案，分别加入相应质量的蒸馏水并充分搅拌湿润，制成不同含水率的型煤。将制作好的煤样立即用塑料保鲜膜裹好放入保鲜盒中，最大程度上保持试样含水率的稳定。实验含水率的计算公式为

$$\omega = \frac{m_2 - m_1}{m_1} \times 100\% \tag{3-1}$$

式中　　ω——实验含水率，%；

m_1——实验干燥时的质量，g；

m_2——含水时的质量，g。

3.2 承载煤岩热辐射实验方案及步骤

3.2.1 承载煤岩热辐射实验内容

本文实验为煤岩单轴压缩失稳破裂过程中热辐射测试实验，实验中的关键问题是设置合理的热辐射采集系统相关参数，同时应尽可能采取措施减少周围环境的辐射影响。

实验主要从以下几个方面进行：

（1）不同含水状态（平煤十矿原煤、鹤煤八矿型煤）煤样单轴加载过程红外热辐射、应力、应变及试样相关物理力学参数测试。

（2）不同破坏类型（焦煤赵固一矿、神火某矿、平煤十矿）煤样单轴加载过程红外热辐射、应力、应变及试样相关物理力学参数测试。

（3）不同加载速率下（焦煤赵固一矿）煤样单轴加载过程红外热辐射、应力、应变及试样相关物理力学参数测试。

3.2.2 热辐射实验步骤及去噪措施

1. 承载煤岩破裂实验测试步骤

（1）将加工好的煤岩试样按实验目的不同，进行分组并编号。

（2）用电子天平秤和电子游标卡尺分别记录煤岩试样的质量和尺寸，用工业相机采集记录试样表面裂隙、节理等宏观特征。

（3）连接加载及温度采集系统的仪器和数据采集线路，检查仪器状态，并进行初步调试。

（4）将预先存放在实验室的煤样取出，放置在压载机上，将红外热像仪布置在正对着光学视窗一侧，距试样 0.5 m 左右，使光学视窗充满热像仪的整个视场，尽量降低背景对实验的影响。

（5）启动加载系统，按照实验目的调整加载控制方式和参数采集；启动温度采集系统，调整红外仪发射率、温度、湿度等参数，使其画面清晰。校准计算

机、红外仪的显示时间，使其能同步采集相关实验数据。

（6）在每一个试样实验开始前，要对试样进行红外观察，待其表面红外辐射温度在热像仪上的显示稳定后方可开始进行实验。

（7）加载采用位移控制方式，先进行预加载，以确保加载面与试样完全接触，随后进行匀速加载，直到试样破裂。

（8）待试样破裂后，同时停止加载系统和温度采集系统。观测并记录试样破坏形态，记录实验条件、实验参数及实验过程中的相关信息。

（9）根据不同的实验要求，进行不同实验条件下的煤体加载破裂实验，重复步骤（1）~（8），对存储的温度、热像及应力应变等数据进行处理分析。

2. 热辐射去噪措施

坚硬岩石相比，煤岩受载破裂失稳过程中红外辐射强度相对较低，应采取相关措施减弱环境因素的影响，在实验开始前应采取如下措施：

（1）提前24h将试样、红外热像仪及温湿计等仪器放在实验室，使煤样温度与实验室环境温度保持一致。

（2）实验开始至少半个小时前，要将红外热像仪打开进行预热，在放置煤样时要佩戴放置于实验环境中的手套，避免人体辐射的影响。

（3）实验前，应关闭门窗及电灯，禁止人员走动。

3.2.3 煤岩热辐射实验方案

对于受载煤岩热辐射实验，分别监测红外热辐射及应力应变等物理力学参数，用以研究煤岩在不同条件下红外热辐射特征的时空演化规律。进行煤岩单轴压缩实验，单轴压缩研究不同含水率、不同破坏类型、不同加载速率下煤岩热辐射实验。

煤岩的载荷—位移（应力—应变）曲线是岩石力学性质的一个重要反映。煤岩单轴压缩实验的原煤试样尺寸为 50 mm×50 mm×100 mm，型煤尺寸为 ϕ50 mm×100 mm，在加载机上预压后，按照预先设定的加载速率进行均速加载，直到试样破坏，同时记录相关数据。受载煤岩单轴压缩破裂热辐射测试系统示意图如图3-5 所示，测试实验现场如图3-6 所示。

不同含水率原煤煤样实验方案：实验所用的煤样为平煤十矿，试样的基本物理性质见表3-1，其中干燥煤样3块，潮湿煤样6块，在煤样浸湿过程中发现有气泡溢出现象。加载预压后以轴向变形 0.002 mm/s 的速度匀速加载，力学实验系统和温度数据采集系统自动采集荷载、变形及温度值，直至试样破坏。各试样编号及含水率见表3-2。

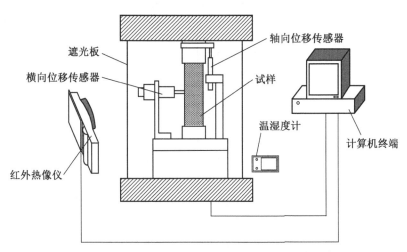

图 3-5 受载煤岩单轴压缩破裂热辐射测试系统示意图

图 3-6 受载煤岩单轴压缩破裂热辐射测试实验现场

表 3-1 试样的基本物理性质

编号	样品来源	煤种	M_{ad}/%	A_{ad}/%	V_{ad}/%	孔隙率/%	f
PS	平煤十矿	焦煤	1.71	6.92	20.42	3.22	0.35

表3-2 各试样编号及含水率

含水性	编号	试样尺寸/ （mm×mm×mm）	烘干后质量/g	实验时质量/g	含水率/%
干燥煤样	PS$_{11}$	100.13×47.96×48.74	311.84	312.78	0.03
	PS$_{12}$	100.08×51.00×47.18	320.16	320.88	0.02
	PS$_{13}$	100.19×50.35×49.34	330.17	331.11	0.02
潮湿煤样	PS$_{21}$	100.01×52.26×49.24	329.73	337.24	2.26
	PS$_{22}$	100.52×51.20×50.19	335.24	338.38	0.92
	PS$_{23}$	96.05×50.74×48.88	294.82	300.60	1.92
	PS$_{24}$	100.12×50.91×50.72	324.64	337.63	3.84
	PS$_{25}$	99.80×51.38×52.42	327.49	337.08	2.84
	PS$_{26}$	99.86×51.36×53.01	324.48	335.08	3.16

　　不同含水率型煤煤样实验方案：所用煤样取样地点为鹤煤八矿3105工作面松软煤层，该矿为煤与瓦斯突出矿井，原始煤层水分为1.19%，灰分为9.6%，挥发分为13.75%，孔隙率为7.61%，坚固性系数 f 为0.32。根据含水率事先计算的方案，分别加入相应质量的清水并充分搅拌湿润，制成含水质量分别为0、2%、4%、6%的 ϕ50 mm×100 mm 的型煤。在实验中发现含水率达7%时，型煤在压制过程中就有水分溢出。每个含水率的煤样，制作4个试样来用于压缩破裂实验，加载预压后以轴向变形0.002 mm/s的速度匀速加载，力学实验系统和温度数据采集系统自动采集荷载、变形及温度值，直至试样破坏。

　　不同加载速率下煤样实验方案：煤岩试样取自焦煤赵固一矿，试样水分为1.57%，灰分为7.54%，挥发分为5.63%，孔隙率为7.66%，坚固性系数 f 为1.02。实验采用位移控制加载，煤岩试样在静态、准动态应变速率（$2\times10^{-5} \sim 2\times10^{-3}\text{s}^{-1}$）下进行单轴压缩实验，每级重复两次实验。不同应变速率条件下，加载方向均垂直层理。实验工况参数设计见表3-3，其中，ε' 为应变速率，$\lg\varepsilon'$ 为应变速率的对数。

表3-3 实验工况参数设计

试样编号	试样尺寸/（mm×mm×mm）	应变速率 $\varepsilon'/\text{s}^{-1}$	应变速率的对数 $\lg\varepsilon'/\text{s}^{-1}$
ZG$_{11}$	54.33×52.20×98.51	2×10^{-5}	−4.699
ZG$_{12}$	51.60×53.00×96.79	2×10^{-5}	−4.699
ZG$_{21}$	50.14×52.21×101.61	5×10^{-5}	−4.301

表 3-3（续）

试样编号	试样尺寸/(mm×mm×mm)	应变速率 ε'/s^{-1}	应变速率的对数 $\lg\varepsilon'/s^{-1}$
ZG_{22}	52.04×50.75×99.93	5×10^{-5}	-4.301
ZG_{31}	52.76×49.32×100.17	2×10^{-4}	-3.699
ZG_{32}	49.93×53.60×100.19	2×10^{-4}	-3.699
ZG_{41}	50.11×50.78×99.85	2×10^{-3}	-2.699
ZG_{42}	49.74×50.32×99.86	2×10^{-3}	-2.699

　　不同破坏类型煤样实验方案：实验煤样分别取自焦煤赵固一矿、神火某矿及平煤十矿，其坚固性系数 f 值分别为 1.02、0.68 及 0.35。一般来说，煤体坚固性系数 f 值越大，结构越完整，Ⅰ类（非破坏煤）的平均 f 值大于 0.75，Ⅱ类（破坏煤）的平均 f 值大于 0.5 小于 0.75，Ⅲ类（强烈破坏煤）的平均 f 值大于 0.3 小于 0.5，Ⅳ类（粉碎煤）和Ⅴ类（全粉煤）的平均 f 值小于 0.3。在煤样加工制作的过程中发现，Ⅳ类、Ⅴ类煤由于强度低很难直接钻取煤样，大多是通过加入少量蒸馏水、水泥或煤焦油等制成型煤，这些成分会在一定程度上影响煤样原物理力学性质，故本次实验选取Ⅰ类、Ⅱ类及Ⅲ类煤体加工制成煤样，所选取煤样的坚固性系数符合梯度分布。每个不同破坏类型煤样，制作 4 个试样来用于压缩破裂实验。加载预压后以轴向变形 0.002 mm/s 的速度匀速加载，力学实验系统和温度数据采集系统自动采集荷载、变形及温度值，直至试样破坏。

3.3　承载煤岩热辐射响应研究

3.3.1　承载煤岩热辐射信息采集

　　岩石的变形破裂失稳过程是热力耦合过程，其发生的过程自始至终都伴随着能量的积累与释放，温度的变化是破裂失稳过程的外部反映。红外辐射温度是表征辐射强度的重要指标，通过红外热像仪拍摄到全辐射热像视频流，其中测量区域内每个像素点对应一个辐射温度值。

　　利用 AnalyzIR 专业热像分析软件连接热像仪后在热像仪工作区实时显示全辐射热像视频流，同时在工作区面板上，布置测量工具、调试参数，创建温度时间曲线、温度三维分布图、区域直方图等绘图选项卡。PS_{21} 煤样红外热辐射温度测量如图 3-7 所示。

　　由图 3-7 可以看出，通过软件分析能够获取全过程的红外热像图及红外辐射温度数据。其中，红外热像图能够非常形象地反映测量区域温度空间分布状态，定性对比分析典型时刻热像图的异常演化特征；热辐射温度数据可以进行数理统

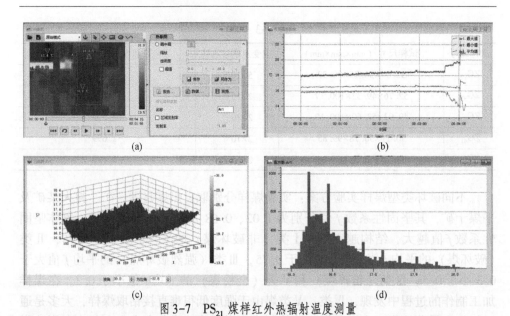

(a)

(b)

(c)

(d)

图 3-7　PS_{21} 煤样红外热辐射温度测量

计分析，定量分析煤样加载过程表面热辐射温度变化趋势，这些热像及温度数据共同构成了煤岩表面的红外温度场。

实际上，红外温度场是以温度数据矩阵的形式储存在红外辐射视频里，需要进行提取分析。打开热像文件，沿着煤样轮廓线布置矩形测量区域及需要导出数据的起始帧数，同时调整采样频率，导出成 Excel 格式的温度数据矩阵文件。热像视频导出数据界面如图 3-8 所示。

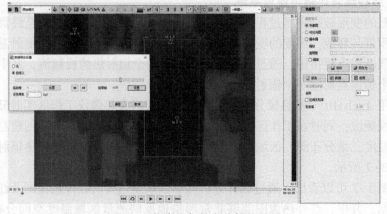

图 3-8　热像视频导出数据界面图

从热像视频里导出的数据矩阵，是一个二维温度数据矩阵，是测量区域内每一个像素点对应的温度值。采集第 p 帧温度矩阵，其表达形式如式（3-2）所示：

$$f_p(m, n) = \begin{bmatrix} f_p(1, 1) & f_p(1, 2) & \cdots & f_p(1, L_n) \\ f_p(1, 1) & f_p(1, 1) & \cdots & f_p(2, L_n) \\ \vdots & \vdots & \vdots & \vdots \\ f_p(L_m, 1) & f_p(L_n, 2) & \cdots & f_p(L_m, L_n) \end{bmatrix} \quad (3-2)$$

式中　m——二维温度数据矩阵的行号；

　　　n——二维温度数据矩阵的列号；

　　　L_m——二维温度矩阵的最大行数；

　　　L_n——二维温度矩阵的最大列数。

红外辐射二维矩阵中的每个温度元素，对应着试样此位置的表面红外辐射温度值，其大小值代表着该位置红外辐射能力的强弱，以此构成了此时刻煤岩表面温度场的空间分布。

3.3.2　煤岩损伤破裂温度响应

AnalyzIR 热像软件监测记录了煤岩试样破裂过程中最高红外辐射温度（MIRT）、最低红外辐射温度及平均红外辐射温度（AIRT）随时间的变化情况。

最高红外辐射温度（MIRT）是煤岩试样压缩破裂过程中热像仪所监测记录的温度最大值，它表达的是试样表面测量区域所释放的最大红外辐射强度；平均红外辐射温度（AIRT）是煤岩试样压缩破裂过程中热像仪所监测记录的温度平均值，它表达的是试样表面测量区域所释放的平均红外辐射强度；最低红外辐射温度是煤岩试样压缩破裂过程中热像仪所监测记录的温度最小值，它表达的是试样表面测量区域所释放的最小红外辐射强度。

为了反映整个试样的温度变化，以它正对红外热像仪的表面的最高红外辐射温度、平均辐射温度及最低辐射温度作为统计量，对每个试样的应力、温度随时间的变化进行了分析，并绘制了应力—温度—时间曲线。神火某矿煤样应力—温度—时间曲线如图 3-9 所示，赵固一矿煤样应力—温度—时间曲线如图 3-10 所示。

对照上述实验结果，可以看出在不同类型煤样，在加载过程中均表现出温度响应特征，不同加载阶段试样表面温度呈现出不同的变化特征。在试样发生破坏前，表面最高温度、平均温度及最低温度变化规律大致相同，但在临近破裂及破裂后阶段，表现出不同的变化特征：最高温度和平均温度曲线表现为快速上升，最低温度曲线呈现为先下降后上升的趋势。

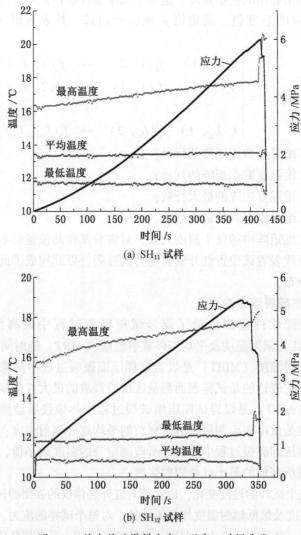

(a) SH₁₁ 试样

(b) SH₁₂ 试样

图3-9 神火某矿煤样应力—温度—时间曲线

不同类型煤样表现出不同的温度响应特征，应力—温度—时间曲线的形态受煤岩物理性质影响的现象，其背后蕴含着丰富的响应机制，它与煤岩的损伤力学与热力学性质有密切关系。通过分析煤岩压缩过程热辐射温度前兆特征，可以从时间上预警发生破裂的位置。

3.3.3 煤岩损伤破裂热像响应

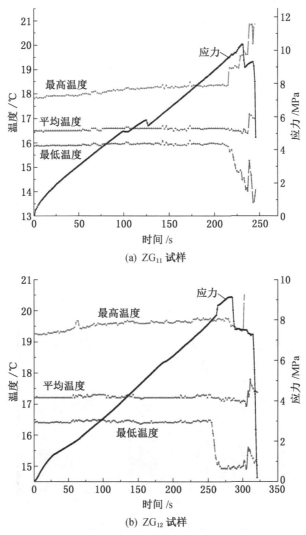

(a) ZG$_{11}$ 试样

(b) ZG$_{12}$ 试样

图 3-10　赵固一矿煤样应力—温度—时间曲线

AnalyzIR 热像软件工作区实时显示煤样压缩破裂过程中表面的全辐射热像视频流，通过修改帧频参数，可以获取测量区域内的瞬时红外热像。红外热像是煤岩试样表面红外热辐射温度场可视化的结果，热像图可以非常形象地反映出试样在加载过程中的热辐射温度场的时空演化和分异特征。

通过实验分析发现，煤岩试样在整个加载压缩过程中热像温度场的时空演化特征主要存在着两种类型：一种类型是煤岩试样在整个加载过程中热辐射温度呈均匀性变化，热像特征变化不明显，局部不存在分异现象，同时，多数煤岩试样存在着端部效应；另一种类型是试样在加载过程中热辐射温度表现为非均匀性变化，热像上出现条带状或散状斑点的辐射强度分异现象，这些散状斑点或条带处辐射强度与相邻区域明显不同，或表现为低温异常辐射，或表现为高温异常辐射（图3-11）。

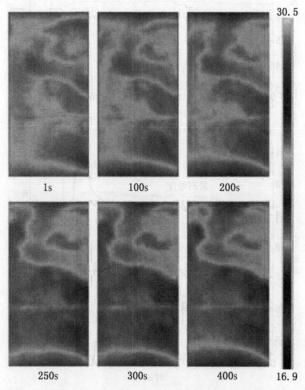

图3-11　加载过程中典型热像时空演化

图3-11是PS$_{24}$试样加载过程中的红外热像。分析热像变化表明，试样PS$_{24}$在加载过程中红外温度场出现了非均匀性变化，试样上部出现了条带状的辐射强度分异现象，条带处的辐射强度明显与相邻区域不同。

在进行实验的所有煤岩试样中，不同含水率、不同破坏类型及不同加载速率等试样的热辐射温度场呈现出不同的时空异常演化，这些异常在空间上对应着发生微破裂的位置，高温异常处则预示着发生剪性破裂的区域，低温异常处则对应着发生张性破裂的区域。通过分析煤岩压缩破裂前出现的分异现象，可以从空间上预警发生破裂的位置。

3.4   承载煤岩热辐射特征信息提取

3.4.1   热辐射特征信息提取概述

根据煤岩单轴压缩全过程的应力—应变曲线，可以将煤岩破裂失稳破坏过程分为压密阶段、线弹性阶段、裂纹快速（屈服）发育扩展阶段及塑性软化（破坏）阶段。实验研究发现，煤岩破裂失稳过程中会产生大量的红外辐射信息，在这些冗余的信息中隐藏着能真正反映煤岩破裂失稳的前兆特征信息。因此，必须从测量到的红外辐射信号中提取出对煤岩热红外前兆研究最有效的特征信息。

特征信息提取，就是将有价值、真正能反映前兆信息从大量的、动态的信息源里筛选出来，同时要兼顾信息源之间的时效性和相关性，以获取到能够准确反映煤岩破坏红外热辐射特征信息。特征提取过程是通过数理统计方法将煤岩红外辐射原始数据空间转变为特征空间，构建具有信息性和非冗余性的泛生特征，把原始的二维特征空间转换为一维特征空间，降低特征维数，便于更好地进行煤岩红外辐射特征分析。特征提取方法主要有空间分布信息、时域信息及频域信息。煤岩受载破裂失稳的红外辐射信号既是一种时间序列，同时又是一种空间序列。因此，本文需要将煤岩破坏过程中红外辐射信号所包含的时域信息和空间分布信息作为特征信息进行提取分析。

空间分布信号在空间域上能够直观、非常形象地反映出热辐射温度场的空间分布特征。时域信号在时间域上能够清楚地表达热辐射温度场瞬间的变化过程。由于煤岩红外辐射强度信号一般很微弱，容易受背景噪声所污染，为准确分析煤岩破裂失稳过程中的红外辐射信息特征，必须对时域信息和空间分布信息进行特征分析，提取有效、可靠的刻画指标。

3.4.2   热辐射温度时域信息特征

红外辐射信号时域特征，一般采用直接时域特征和间接时域特征。直接时域特征通常是有量纲的指标，如均值、最大值、最小值、方差、极差等，利用这些特征参数可以直观反映煤岩红外辐射信号的时域统计特征。间接时域特征通常为无量纲的指标，如变异系数、欧氏距离、分形维数等，变异系数是衡量数据离散程度的一个指标，它能够忽略数值量级的影响，规避了数据的度量单位。变异系数值对信号的瞬变现象非常敏感，变异系数值越小，信号越平稳；变异系数值越大，信号突变越剧烈。杨少强等利用温度变异系数的变化趋势来预警页岩的破坏。杨阳、刘善军等对岩石加载过程中红外温度场定量分析，提出熵、分形维数、欧氏距离等指标来刻画煤岩加载过程中红外辐射温度场的演化与分异特征。分形维数反映热像温度场分异现象。欧氏距离反映前后相邻时刻红外辐射温度向量的绝对距离，表征红外温度场的温变现象。

综上所述，红外辐射温度信号的直接时域特征较为简单，能在一定程度上或阶段上刻画煤岩加载过程红外温度场的演化特征，但其所含信息容易受到背景噪声的干扰，一定程度上影响了红外辐射特征的真实性。而间接时域特征是一种无量纲指标，其反映的是信号的变化特征，可以去除背景噪声干扰。

因此，本文综合考虑主要利用差分最高红外辐射温度、红外辐射温度方差、温度变异系数、欧氏距离及分形维数等指标定量研究煤岩受载破裂失稳的红外辐射特征。

1. 差分最高红外辐射温度

煤岩破裂失稳过程中，不同性质的破裂发育所产生的热效应不同，剪性裂隙引起温度上升、张性裂隙造成温度下降，这两种相反趋势的热效应互相抵消，有可能导致煤岩表面的温度无明显变化。平均红外辐射温度描述的是某一测量区域内辐射强度的平均值，极高或极低温变值等突变异常信息可能被忽略，无法反映表面温度场的分异特征。同样，由于煤岩试样在整个压缩过程中红外辐射强度相比于大理岩、石英岩等坚硬岩石的辐射强度相对较低，加之环境噪声影响，最低红外辐射温度敏感性不足。杨少强、程富起等认为最高红外辐射温度曲线相比平均辐射温度曲线在试样临近破坏时有更好的敏感性。因此，选择最高红外辐射温度来表征煤岩表面温度场在时间域上的演化特征。

最高红外辐射温度（MIRT）是煤岩试样压缩破裂过程中热像仪所监测记录的温度最大值，它体现的是试样表面测量区域所释放的最大红外辐射强度。第 p 帧原始红外辐射序列的最高红外辐射温度表达式为

$$T_{(p)} = \{f_p(m, n)\}_{max} \tag{3-3}$$

式中　m、n——第 p 帧温度矩阵的行数和列数。

为了减少周围环境温度变化及其他物体辐射影响，也为了消除受载煤岩因各部位发射率差异带来的影响，突出因受载压缩而引发的辐射变化，需要对获得的结果进行去噪，即进行差分化处理。第 $p+1$ 帧与第 p 帧最高红外辐射温度差值来表征煤岩表面瞬时温度的变化，表达式为

$$\Delta T_{MIR} = \{f_{p+1}(m, n)\}_{max} - \{f_p(m, n)\}_{max} \tag{3-4}$$

采用 Matlab 软件，按照式（3-4）计算出相邻两帧温度差，并用 Origin 软件进行绘图，得到采样区域内的差分最高红外辐射温度，可以很好地表示出含水煤岩破裂失稳过程表面瞬时红外辐射强度在时间域上的变化特征。

　　图3-12为含水煤岩破裂损伤过程中差分最高辐射温度的变化曲线，可以看出不同加载阶段差分最高红外辐射温度与载荷同步发生了变化。

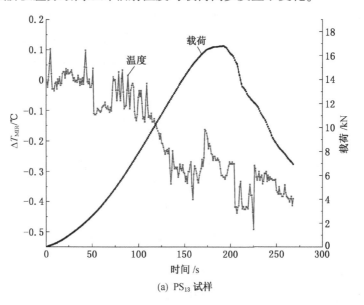

(a) PS₁₃ 试样

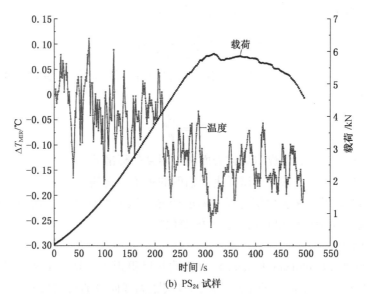

(b) PS₂₄ 试样

图3-12　煤岩破裂过程表面差分最高辐射温度

2. 温度变异系数

通常，当载荷超过峰值应力时，试样就会发生失稳破坏。实验发现，不同变形破裂阶段，红外辐射信号表现出不同的阶段分布特征，其中，试样在临近破裂阶段的红外辐射特征对于我们研究煤岩失稳破坏的前兆信息更有意义。通常在临近破裂阶段，红外辐射信号会突然发生变化，变化幅度越大，说明试样破裂程度越剧烈。基于此，本文引入红外辐射温度变异系数这一概念，用来定量描述不同试样在进入临近破坏阶段时的红外辐射变化特征。

变异系数（又称离散系数）是概率分布离散程度的一个归一化量度，用来衡量资料中各观测值变异程度，它能够忽略数值量级的影响，规避了数据的度量单位。红外辐射温度变异系数 T_{cv} 定义为，承载煤岩破裂失稳过程中第 p 帧的表面辐射温度标准差与试样表面辐射平均温度值的比值。

第 p 帧煤岩试样表面红外辐射温度方差为

$$S_p^2 = \frac{1}{L_m} \frac{1}{L_n} \sum_{m=1}^{L_m} \sum_{n=1}^{L_n} [f_p(m, n) - T_p]^2 \tag{3-5}$$

式中　　　S_p^2——第 p 帧元素的方差；

L_m、L_n——m 和 n 的最大行数和列数。

第 p 帧煤岩试样表面红外辐射温度平均值为

$$T_p = \frac{1}{L_m} \frac{1}{L_n} \sum_{m=1}^{L_m} \sum_{n=1}^{L_n} f_p(m, n) \tag{3-6}$$

结合式（3-5）、式（3-6），则第 p 帧煤岩试样表面红外辐射温度变异系数的表达式为

$$T_{cv} = \frac{S_p}{T_p} \tag{3-7}$$

式中　　　S_p——第 p 帧煤岩试样表面辐射温度的标准差；

T_p——第 p 帧煤岩试样表面辐射的平均温度值。

图 3-13 为煤岩破裂损伤过程中温度变异系数的变化曲线，可以看出临破裂阶段温度变异系数可以很好反映应力的变化特征。

3. 欧氏距离

欧氏距离（Euclidean distance）也称欧几里得距离，是一个通常采用的距离定义，它是在 m 维空间中两个点之间的真实距离或向量的自然长度。

n 维空间，假设两个样本点分别为 $(x_1, y_1, \cdots, n_1)$、$(x_2, y_2, \cdots, n_2)$，则两个样本点的欧氏距离为

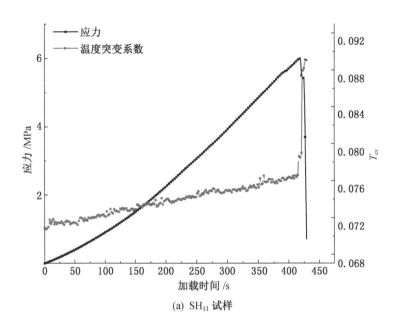

(a) SH$_{11}$ 试样

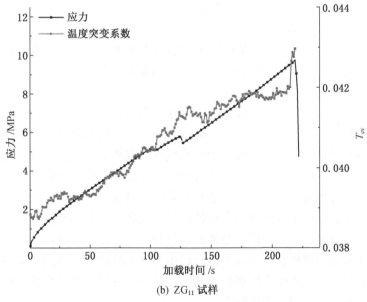

(b) ZG$_{11}$ 试样

图 3-13 煤岩试件表面温度的变异系数

$$d_{\mathrm{n}} = \sqrt{(x_2 - x_1)^2 + (y_2 - y_1)^2 + \cdots + (n_2 - n_1)^2} \tag{3-8}$$

二维空间，假设两个样本点分别为 (x_1, y_1)、(x_2, y_2)，则两个样本点的欧氏距离为

$$d = \sqrt{(x_2 - x_1)^2 + (y_2 - y_1)^2} \tag{3-9}$$

煤岩破裂失稳过程中，不同性质的破裂发育所产生的热效应不同，剪性裂隙引起温度上升、张性裂隙造成温度下降，使煤岩表面温度场产生了分异现象。煤岩破裂过程中第 p 帧试样表面所测得的温度数据构成了一个二维温度向量矩阵，每一个温度数据在位置上对应着被测试样的像素点。因此，在这里借用欧氏距离的定义，煤岩试样相邻时刻温度向量间的绝对距离来表征煤岩试样瞬时裂隙的发育情况，相邻时刻二维温度向量的欧氏距离越小，表示裂隙发育越轻微，反之则是裂隙发育越剧烈。二维温度向量的欧氏距离为

$$\Delta T_{\mathrm{d}} = \sqrt{\sum_{k=1}^{n} \left[f_{(p+1)}(m, n) - f_p(m, n) \right]^2} \tag{3-10}$$

式中 ΔT_{d}——相邻时刻温度向量的欧氏距离；

　　　 p——煤岩表面温度的帧数；

　　　 k——煤岩试样的测温像素点；

　　　 n——总像素点。

图 3-14 为煤岩试样表面温度的欧氏距离变化曲线，可以很明显地看出欧氏距离与应力存在着一定的对应关系，部分时刻随应力发生了变化。

4. 分形维数

20 世纪 70 年代，B. B. Madelbrot 为了表征复杂图形和复杂过程，首先提出了分形几何的概念，将分形理论引入自然科学领域，随后分形理论得到广泛的发展与应用，现在已经成为一种非常有效的非线性研究数学工具。统计自相似性或自相似性是分形理论的重要特征，常用分形维数来定义这种自相似性。

自然界的许多现象、过程和系统都具有分形特征。煤岩在受力失稳破裂过程中，裂纹的发育贯通能够表现出分形的性质。谢和平等研究发现岩石类材料损伤演化过程具有分形特征，分形维数能反映材料损伤程度。高保彬等通过干燥、自然、饱和 3 种状态煤样，得出在破裂过程中有分形特征。吴贤振、文圣勇等通过岩石受载破裂失稳过程中声发射特性研究，认为声发射参数具有分维性，可以揭示岩石内部微裂纹的时空演化情况。

基于分形理论，煤岩裂纹临界扩展力分形模型为

$$G = 2Rr^{1-D} \tag{3-11}$$

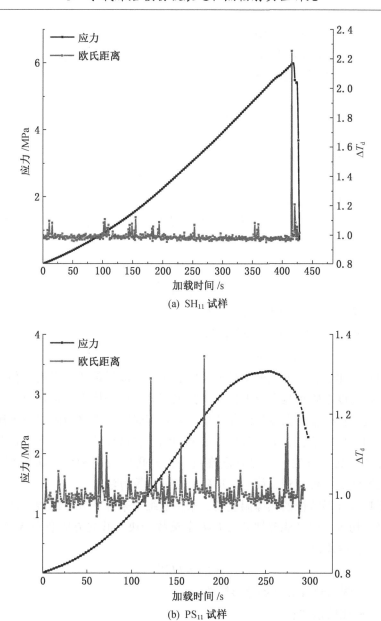

(a) SH₁₁ 试样

(b) PS₁₁ 试样

图 3-14 煤岩试样表面温度的欧氏距离

式中 D——裂纹发育贯通路线的分形维数；

  r——分形模型的自相似比；

R——宏观量度的表面能；

G——裂纹临界扩展力。

宏观裂纹扩展速度与裂纹的分形发育速度的比值为

$$\frac{V}{V_0} = \left(\frac{d}{\tau}\right)^{1-D} \tag{3-12}$$

式中　V——宏观裂纹扩展速度；

V_0——裂纹分形发育速度；

d——煤岩晶体尺寸；

τ——裂纹扩展步长。

假设煤岩表面的真实温度为 T，辐射温度为 T_r，比辐射率为 $\varepsilon(T)$，表达式为

$$T = \frac{T_r}{\left[\varepsilon(T)\right]^{\frac{1}{4}}} \tag{3-13}$$

式中　　T——煤岩表面的真实温度；

T_r——煤岩表面的辐射温度；

$\varepsilon(T)$——煤岩的比辐射率。

与声发射相似，红外辐射也是岩石破裂过程中能量释放辐射的一种形式，其表现的红外温度矩阵也具有分形性质。张艳博等采用分形维数定量分析了含孔花岗岩加载过程红外辐射温度场演化特征。杨阳等研究了饱水粉砂岩单轴压缩性红外温度场的分形特征，分形维数能更好地刻画砂岩试样的红外前兆。目前，常用的计算分形维数的方法，主要有盒维数法、关联维数法和 Hausdorff 维数法等，其中盒维数法是一种直观、简单、准确有效的计算方法。

对于具有分形特征的热像温度场，采用盒维数来计算分形维数。首先将红外热像图进行切割，使其能够划分为 $L\times L$ 个整数子块，其立方体总数 $N(L)$ 与测量尺度 L，表达式为

$$N(L) = kL^{-D} \tag{3-14}$$

式中　D——煤岩热像温度场分形维数；

k——比例系数；

L——测量尺度。

式 (3-14) 两边同时取对数，则有：

$$\log N(L) = \log L + D\log\left(\frac{1}{L}\right) \tag{3-15}$$

由式（3-15）可知，在 $\left[\log\left(\dfrac{1}{L}\right),\ \log N(L)\right]$ 构成的双对数坐标系中，采用直线拟合，直线斜率就是所要计算的分形维数 D。煤岩加载过程中在压密阶段，加载应力较小，试样表面红外温度场变化分异较小，因而热像温度场起伏轻微；随着加载进入塑性及破坏阶段，试样表面红外温度场变化分异明显，引起热像温度场明显起伏。

根据以上理论可对含水煤岩破裂失稳过程的红外热像分形维数进行计算与分析。

3.4.3　热像空间分布信息特征

含水煤岩破裂过程红外辐射信号包含时域信息和空间分布信息的特征信息。空间分布信息在空间域上能够直观、非常形象地反映出热辐射温度场的空间分布特征。

红外热像序列形成过程中，通常会存在如光照不够均匀或 CCD（摄像头）获得图像时 A/D 转换、线路传送时产生噪声污染等因素都会影响热像的清晰度。因此，必须在热像序列图处理分析之前需要对图像的质量进行改善。本文选择图像增强领域处理技术和图像滤波处理技术，对红外热像序列图进行图像增强、降噪处理，以获得含水煤岩破裂失稳过程红外热像空间分布和异常演化信息特征。

1. 空间滤波原理

空间域处理 $g(x, y)=T[f(x, y)]$ 中点 (x, y) 便是图像的像素坐标，而领域是中心在 (x, y) 的矩形，其尺寸比图像要小很多，矩形领域如图 3-15 所示。

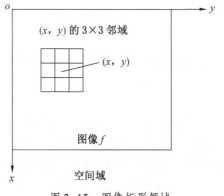

图 3-15　图像矩形领域

图像的左上角是空间域中的原点 o，向下取为 x 轴，向右取为 y 轴，图中便显示了中心点 (x, y) 的一个 3×3 邻域。每经过一个滤波产生一个新像素，新像素的坐标

等于领域中心坐标 (x, y)，新像素的值是滤波操作的结果。假设，$f(x, y)$ 为原像素值，$g(x, y)$ 为滤波后的像素值，那么对于为 $M×N$ 的图像使用大小为 $m×n$ 的滤波器进行线性空间滤波，令 $m=2a+1$，$n=2b+1$，则邻域上线性操作表示为

$$g(x, y) = \sum_{s=-a}^{a} \sum_{t=-b}^{b} w(s, t) f(x-s, y-t) \tag{3-16}$$

其中，(x, y) 是可变的，以便 w 中的每个像素可访问 f 中的每个像素，通过对 (x, y) 做变化时，计算出变换结果。

2. 锐化空间滤波器

图像锐化是通过图像微分增强边缘和其他突变，削弱灰度变换缓慢的区域。突出图像中的细节，增强被模糊了的细节。弥补扫描对图像的钝化，辐射探测成像，分辨率低，边缘模糊，通过锐化恢复过度钝化、曝光不足的图像。图像微分锐化操作中，二阶微分需要满足：恒定区域微分值为零；灰度台阶或斜坡的起点处微分值非零；沿着斜坡的微分值非零。本文利用二阶图像锐化（lapacian 算子）对图像进行去噪处理。

一个二维图像函数 $f(x, y)$ 的拉普拉斯算子定义为

$$\nabla^2 f = \frac{\partial^2 f}{\partial x^2} + \frac{\partial^2 f}{\partial y^2} \tag{3-17}$$

x 方向离散化：

$$\frac{\partial^2 f}{\partial x^2} = f(x+1, y) + f(x-1, y) - 2f(x, y) \tag{3-18}$$

y 方向离散化：

$$\frac{\partial^2 f}{\partial y^2} = f(x, y+1) + f(x, y-1) - 2f(x, y) \tag{3-19}$$

联合式（3-17）~式（3-19）可以得出离散拉普拉斯算子是：

$$\nabla^2 f = f(x+1, y) + f(x-1, y) + f(x, y+1) + f(x, y-1) - 4f(x, y) \tag{3-20}$$

由于 laplacian 算子是一种微分算子，强调的是图像中灰度的变换，而忽视了图像灰度变换缓慢的区域，得出的图像多是边缘线，因此，可以将原图和拉普拉斯图像叠加在一起，可以复原背景特性并且保持拉普拉斯锐化处理的效果，表达式为

$$g(x, y) = f(x, y) - \nabla^2 f(x, y) \tag{3-21}$$

利用 Python 软件里面的 opencv 库和拉普拉斯模板，实现红外热像序列图的增强和降噪处理，以获得含水煤岩破裂失稳过程红外热像空间分布和异常演化信息特征。ZG_{41} 试样热像典型序列原图和去噪对比如图 3-16 所示。

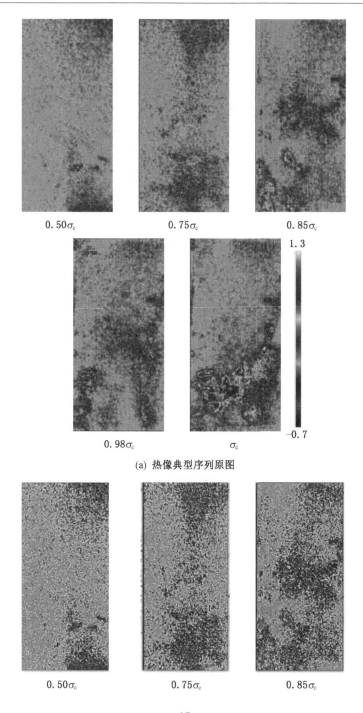

$0.50\sigma_\mathrm{c}$　　　　　$0.75\sigma_\mathrm{c}$　　　　　$0.85\sigma_\mathrm{c}$

1.3

$0.98\sigma_\mathrm{c}$　　　　　σ_c

-0.7

(a) 热像典型序列原图

$0.50\sigma_\mathrm{c}$　　　　　$0.75\sigma_\mathrm{c}$　　　　　$0.85\sigma_\mathrm{c}$

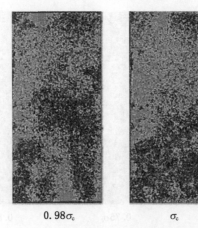

$0.98\sigma_c$ σ_c

(b) 热像典型序列去噪处理图

图 3-16   ZG$_{41}$ 试样热像典型序列对比

4 承载煤岩热辐射响应
特性影响因素研究

    对于煤岩破裂热辐射特性的影响因素，专家学者们进行了一定的实验研究，总结出了许多有价值的实验规律。研究表明，煤岩红外热辐射特性不仅与煤岩体的加载条件有关，如加载方式（压缩加载呈现升温趋势，拉伸为降温）、加载速率（AIRT上升速度与加载速率正相关）；还受煤体自身物理力学性质影响，如水分的存在影响着热辐射的能力、破坏程度的差异会导致热辐射特征的不同；此外，在煤体破裂过程中，吸附于煤体的瓦斯解吸及膨胀做功也存在影响。因此，影响煤岩破裂失稳过程热辐射效应的主要因素有加载方式、加载速率、水分、破坏程度、瓦斯压力等。

4.1 加载速率对煤岩能量演化及热辐射特征的影响

    随着煤矿智能化开采快速发展，采掘工作面的推进速度日益加快，引起了工作面前方煤岩体的受力加载速率变化，致使煤岩力学性质改变，进而会诱发岩爆、冲击地压等煤岩动力灾害，对矿山的安全生产造成严重威胁。研究表明，加载速率是影响矿山岩体稳定性的重要因素，不同加载速率对岩石材料的破坏形态、强度特性、能量演化及红外辐射特性等产生重要影响。本节通过开展不同加载速率下煤岩单轴压缩及红外辐射监测实验，分析研究加载速率对煤岩损伤过程中力学特性、能量演化及红外辐射特性的影响。

    本次实验所选煤样取自焦煤赵固一矿18060综放工作面，该工作面开采二$_1$煤层，煤层平均厚度为5.0 m，平均倾角为3°，工作面直接底为粉砂岩、砂质泥岩，平均厚度为25 m，基本底为石灰岩，平均厚度为2.0 m，采区范围内煤层顶底板基岩薄、断层多，地质环境条件复杂。实验室工业分析，试样水分为1.57%，灰分为7.54%，挥发分为5.63%，孔隙率为7.66%，坚固性系数 f 值为1.02，为无烟煤。

4.1.1 应变速率对煤岩破坏形态及力学特性的影响

    整理和分析实验结果中发现中、低应变速率下破坏形态相似，限于篇幅，给出了中应变速率 $2 \times 10^{-4} \text{s}^{-1}$、高应变速率 $2 \times 10^{-3} \text{s}^{-1}$ 下试样的破坏形态（图4-1）。

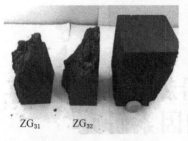 

(a) 应变速率 $2 \times 10^{-4} \mathrm{s}^{-1}$ (b) 应变速率 $2 \times 10^{-3} \mathrm{s}^{-1}$

图 4-1　不同应变速率下煤岩试样单轴压缩破裂形态特征

从图 4-1 可以看出，煤岩试样的破坏形态与应变速率有关，不同应变速率加载作用下试样的破坏形态特征不同。中应变速率时，试样以沿着对角线方向的剪切破坏为主，剪切带贯通试样整体，破裂后试样高度基本与参照煤样相当；高应变速率时，试样的破坏形态从剪切破坏向全面剪胀失稳破坏转变，发生了岩爆现象，试样上半部分崩碎呈多块，残存试样的高度为参照煤样一半左右，端部破坏面形态特征复杂有明显的摩擦痕迹，发现有与加载方向相平行的张拉性裂缝，部分裂缝贯通了残存试样，这与一般岩石加载破裂实验观测得到的破坏形态相吻合。

煤试样力学参数与应变速率的关系如图 4-2 所示。其中，图 4-2a 为煤试样在不同应变速率下单轴压缩应力—应变曲线，可以看出，应变速率影响了煤试样的强度特征和变形，不同应变速率下煤试样在压缩过程中均经历压密、弹性、屈服及破坏 4 个阶段。

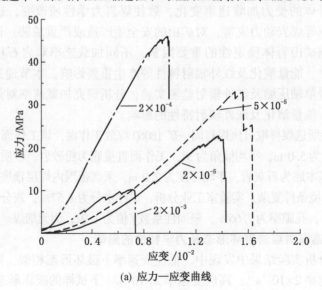

(a) 应力—应变曲线

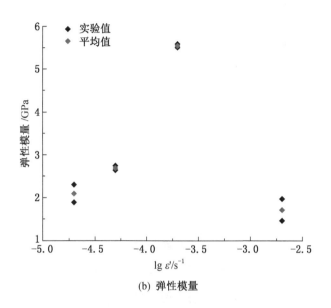

(b) 弹性模量

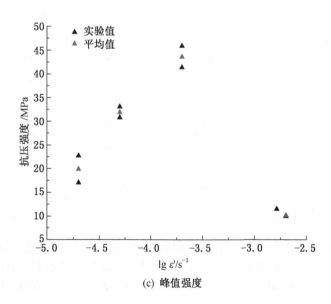

(c) 峰值强度

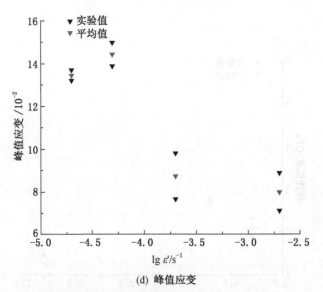

(d) 峰值应变

图4-2 煤试样力学参数与应变速率的关系

不同应变速率下煤试样变形参数实验结果见表4-1。

表4-1 不同应变速率下煤试样变形参数实验结果

试样编号	应变速率 ε'/s^{-1}	应变速率的对数 $\lg\varepsilon'/s^{-1}$	峰值强度/MPa	弹性模量/GPa	峰值应变 ε_c
ZG_{11}	2×10^{-5}	-4.699	17.05	1.89	13.22
ZG_{12}	2×10^{-5}	-4.699	22.71	2.31	13.68
ZG_{21}	5×10^{-5}	-4.301	32.99	2.75	14.98
ZG_{22}	5×10^{-5}	-4.301	30.78	2.64	13.87
ZG_{31}	2×10^{-4}	-3.699	45.92	5.58	9.81
ZG_{32}	2×10^{-4}	-3.699	41.4	5.5	7.67
ZG_{41}	2×10^{-3}	-2.699	10.23	1.97	7.12
ZG_{42}	2×10^{-3}	-2.699	9.98	1.47	8.88

由表4-1和图4-2c可以看出，试样的抗压强度、弹性模量、应变与应变速率密切相关。中低应变速度阶段，应变速率从$2\times10^{-5}s^{-1}$增加到$5\times10^{-5}s^{-1}$时，平均峰值强度从19.88 MPa增至31.89 MPa，增幅60.4%；应变速率从$5\times10^{-5}s^{-1}$增加到$2\times10^{-4}s^{-1}$时，平均峰值强度从31.89 MPa增至43.85 MPa，增幅37.5%。应变速率的对数与峰值强度可以采用二项式描述，相关系数为0.961，两者呈正

相关性，这与尹小涛的数值模拟、苏承东用花岗岩实验结果一致。

高应变速率 $2 \times 10^{-3} \text{s}^{-1}$ 下，试样的峰值强度由 43.85 MPa 降至 10.11 MPa，降幅 76.9%，应变速率的对数与峰值强度表现为线性关系，呈负相关性。ε_c 为峰值应变，是指材料达到峰值强度时的应变值，其值越小表明脆性越强，反之塑性越强。由图 4-2d 可以看出，应变速率在 $2 \times 10^{-5} \sim 5 \times 10^{-5} \text{s}^{-1}$ 范围时，峰值应变越大，试样的塑性也就越强；应变速率超过 $5 \times 10^{-5} \text{s}^{-1}$ 后，峰值应变开始减小，试样的脆性也就越强，说明了应变加载速率影响了煤岩材料的破坏形态，是试样塑性向脆性转变的临界速率。

煤岩是一种富含孔裂隙结构的弹塑性体，低应变速率加载过程中，材料内部颗粒间应力能及时转移调整，试样内部的微裂隙和内部损伤得以充分的发育和演化，降低了有效承载面积，导致材料峰值强度和弹性模量偏小；中应变速率下，煤试样内部颗粒间应力不能及时转移调整，其微裂隙和内部损伤没有充分的发育和演化，增加了有效承载面积，使得煤试样内部的损伤量有所减少，进而增强了试样的峰值强度和弹性模量；在高应变速率下，煤试样受到准动态加载，试样破坏时间大约在 4 s，其内部颗粒间应力会传递作用在试样的脆弱结构面，造成了应变能急剧释放，形成了岩爆现象，致使峰值强度和弹性模量发生了骤降。

4.1.2 应变速率对能量演化特征的影响

对煤岩材料的破裂失稳，从能量演化的角度分析。假设在一个封闭系统中，煤岩体单元在外部载荷作用下发生变形，且假设该过程没有与外界发生热交换，则根据热力学第一定律，外力做功所引发的总输入能量 U 为

$$U = U^d + U^e \tag{4-1}$$

式中　U——煤岩体受力变形的总应变能；

　　　U^d——煤岩体变形过程中的耗散能；

　　　U^e——煤岩体变形过程储存的弹性应变能。

煤岩材料单元单轴压缩破坏过程能量演化示意图如图 4-3 所示。

图 4-3 中单元体应力—应变围成的面积为 U，表示单元体受力变形所生成总的应变能；阴影面积 U^e 为弹性应变能，表示单元体储存的弹性应变能；应力—应变曲线与卸载弹性模量 E_u 围成的面积空白区域面积 U_d 为耗散能，表示单元体用于损伤和不可逆塑性变形所耗散的能量。

取一个煤岩单元体进行能量分析，煤岩单元体所吸收积聚的总应变能可表示为

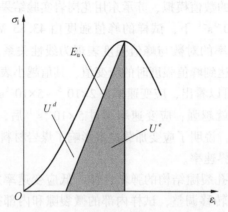

图 4-3 煤岩材料单元单轴压缩破坏过程能量演化示意图

$$U = \int \sigma_1 d\varepsilon_1 + \int \sigma_2 d\varepsilon_2 + \int \sigma_3 d\varepsilon_3 \tag{4-2}$$

式中 σ_1、σ_2、σ_3——煤岩体单元的主应力;

ε_1、ε_2、ε_3——主应力所对应的主应变。

在单轴载荷压缩条件下,其中 σ_2、σ_3 均为零,则煤岩单元体总应变能、弹性应变能可简化为

$$U = \int \sigma_1 d\varepsilon_1 = \sum_{i=0}^{n} \frac{1}{2}(\sigma_{1i} + \sigma_{1i+1})(\varepsilon_{1i} + \varepsilon_{1i+1}) \tag{4-3}$$

$$U^e = \frac{1}{2}\sigma_1\varepsilon_1^e = \frac{\sigma_1^2}{2E_u} \tag{4-4}$$

式中 σ_{1i}——主应力—应变曲线上对应的应力值;

ε_{1i}——主应力—应变曲线上对应的应变值;

E_u——进入塑性阶段后卸载弹性模量。

为方便计算,根据谢和平、尤明庆、苏承东等实验情况,计算时可以取弹性模量 E_0 近似代替 E_u。黄达等实验表明峰值前卸载模量与加载弹性模量相差一般在5%以内,故弹性应变能 U^e 可近似计算:

$$U^e \approx \frac{\sigma_1^2}{2E_0} \tag{4-5}$$

联合式(4-1)~式(4-5)可得,煤岩单元体耗散应变能:

$$U^d = \int \sigma_1 d\varepsilon_1 - \frac{1}{2E_0}\sigma_1^2 \tag{4-6}$$

不同应变速率下应力、能量演化与应变的关系如图4-4所示。

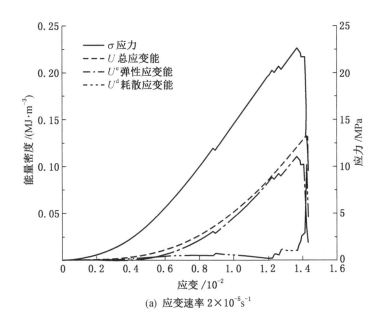

(a) 应变速率 $2 \times 10^{-5} s^{-1}$

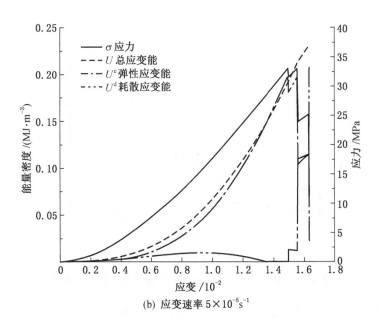

(b) 应变速率 $5 \times 10^{-5} s^{-1}$

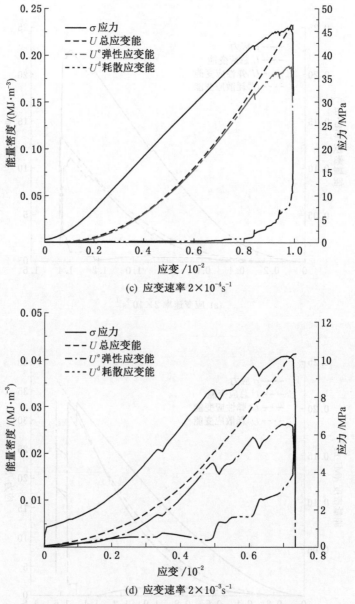

(c) 应变速率 $2 \times 10^{-4} \mathrm{s}^{-1}$

(d) 应变速率 $2 \times 10^{-3} \mathrm{s}^{-1}$

图4-4 不同应变速率下应力、能量演化与应变的关系

由图4-4可以看出，试样应力—应变曲线的不同阶段为初始压密阶段、弹性变形阶段、塑性破坏阶段和脆性破坏阶段，煤岩试样的能量演化呈现出不同的变

化特点。初始压密阶段，因试样内部的原生孔裂隙被压缩闭合而消耗了部分能量，此阶段耗散能一般与弹性应变能相当；弹性变形阶段，试样的消耗能和弹性应变能呈现出不同的变化趋势，此阶段试样不发生形变，没有孕育新裂纹，内部损伤很小，做功吸收的能量主要以弹性应变能的形式储存，耗散能曲线几乎保持不变甚至出现下降；塑性破坏阶段，试样产生不可逆的塑性变形，此阶段内部裂纹扩展和裂纹间摩擦增多，弹性应变能增速变慢，与此对应的是耗散能增速开始变快，耗散能所占的比重逐渐增大；脆性破坏阶段，随着应变的增加煤岩试样不能再吸收能量，超过峰值应力后，储存在煤岩试样中的弹性应变能瞬时释放，用于试样破裂损伤的耗散能显著增加，此阶段吸收的总应变能几乎都转为耗散能消耗。

煤岩贮存的弹性应变能瞬时释放是引其破裂的主要能量。由图 4-4 弹性应变能曲线可以看出：在塑性破坏阶段之前，随着应变速率的增加，弹性应变能增加速率随应变先增后减小，中应变速率 $2\times10^{-4}s^{-1}$ 加载的试样弹性应变能增速最大；图 4-4c 说明中应变速率试样在屈服点之前，吸收的总应变能几乎都以弹性应变能的形式储存，则开挖卸载后用于破裂释放的能量也就越多，造成的损伤危害也随之增强，这是地下工程采用合适的推进速度来预防工作面弹性应变能集中的机制。

耗散能是用于煤岩内部裂纹的孕育和发展的能量，耗散能增速的快慢表征岩石内部损伤发育的程度。由图 4-4 可见，不同应变速率下耗散能表现出本质区别：低应变速率试样的耗散能变化不大，曲线出现下降拐点后骤升；中应变速率试样的耗散能曲线在屈服点之前几乎为零，屈服点之后缓慢上升；高应变速率试样的耗散能曲线出现下降趋势后呈台阶式上升。从图 4-4d 高应变速率 $2\times10^{-3}s^{-1}$ 试样的耗散能曲线可以看出耗散能在屈服点之前，基本上处于低水平状态，说明在屈服点之前即压密和弹性阶段，试样内部的微破裂不断发展，屈服点之后耗散能开始台阶式上升，与此对应试样的裂纹也开始迅速地扩展和贯通。

通过对能量峰值分析，试样的弹性应变能积聚能力和耗散能释放能力与应变速率密切相关。不同应变速率下试样的峰值能量值见表 4-2。

表4-2 不同应变速率下试样的峰值能量值

应变速率/s^{-1}	总应变能/ (kJ·m^{-3})	弹性应变能/ (kJ·m^{-3})	耗散能/ (kJ·m^{-3})	能量积累率/%	能量耗散率/%
2×10^{-5}	132.65	27.60	105.05	20.81	79.19
5×10^{-5}	230.58	23.18	207.40	10.05	89.95

表4-2（续）

应变速率/s⁻¹	总应变能/（kJ·m⁻³）	弹性应变能/（kJ·m⁻³）	耗散能/（kJ·m⁻³）	能量积累率/%	能量耗散率/%
2×10^{-4}	234.48	171.26	63.22	73.04	26.95
2×10^{-3}	41.26	13.32	27.94	38.28	67.72

通过分析可知，低应变速率5×10^{-5}s⁻¹试样释放耗散能力最强，在峰值点释放的耗散能为207.40 kJ/m³，能量耗散率为89.95%，说明低应变速率的试样具有更强的塑性变形能力，吸收的总能量很大一部分都是以塑性破坏的形式而耗散。中应变速率2×10^{-4}s⁻¹试样积聚弹性应变能的能力最强，累积的弹性应变能为171.26 kJ/m³，能量积累率可以达到73.04%，说明了其储能能力较强，总应变能很大部分都转化为弹性应变能潜存在煤岩体中，当超过峰值强度后，弹性应变能瞬时释放，所造成的损伤破坏程度较大。高应变速率2×10^{-3}s⁻¹试样吸收总应变能为41.26 kJ/m³，其中能量耗散率占67.72%，能量积累率占38.28%，能量耗散率为积累率的两倍左右，在积累能量的同时耗散也在同步发生岩爆现象，造成了强烈破坏，残存的试样破坏断面有明显的摩擦痕迹且发育有贯通裂纹，脆性特征最为明显。

4.1.3 不同应变速率下热像演化特征

为了使实验结果更有对比性，选择$0.50\sigma_p$、$0.75\sigma_p$、$0.85\sigma_p$、$0.98\sigma_p$及σ_p共5个时刻进行热像演化对比分析，其中σ_p为单轴抗压峰值强度，温差变化幅值统一设置为$-0.7\sim1.3$ ℃。利用所阐述的热像序列处理方法，生成如图4-5所示的不同应变速率下煤岩试样在不同应力水平下典型红外差分热场分布和迁移特征对比图。

不同应变速率试样在加载压缩破坏过程中热像均表现出非均匀性变化，随着加载的进行局部出现高温异常突变点，同时试样整体上呈现出增温趋势。低应变速率试样出现端部效应，被动加载端（试样上部）在$0.50\sigma_p$时刻开始出现高温区域，随着加载的进行，$0.75\sigma_p$之后，热像高温区域不断扩大，而中、高应变速率试样没有出现端部效应，其原因可能是中、高应变速率下，加载时间很短，压头与试样接触面之间来不及发生摩擦生热。

不同应变速率试样在破坏瞬间热像特征不同，高应变速率试样热像特征变化更加明显，在破坏瞬间出现岩爆现象，破坏剧烈，热像上局部出现高温异常区域，表面温度最高为2.0℃，而其他区域热像温度没有发生变化时为0，没有出现异常。中、低应变速率试样破坏瞬间相对平静，这说明在峰值时刻试样表面整体升温幅度都在0.2℃以上，某些高温点升温幅度可达2.1℃左右。破裂瞬间出现高温的原因，是试样内部破裂的摩擦生热使得破裂区域热力学温度上升。

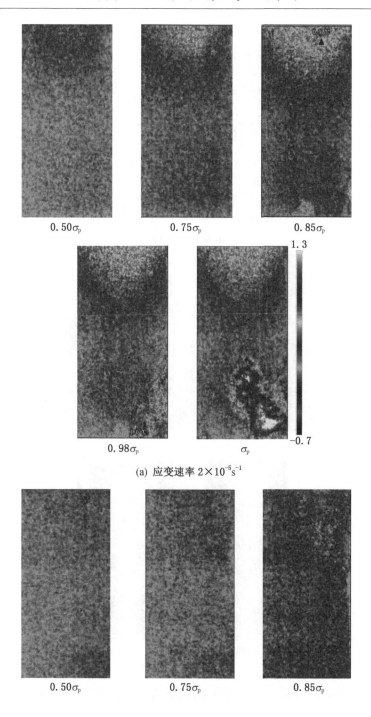

0.50σ_p　　　　0.75σ_p　　　　0.85σ_p

0.98σ_p　　　　σ_p

(a) 应变速率 $2 \times 10^{-5} s^{-1}$

0.50σ_p　　　　0.75σ_p　　　　0.85σ_p

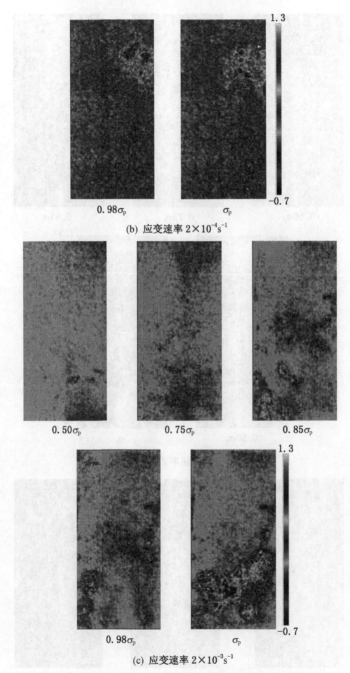

(b) 应变速率 $2\times10^{-4}\mathrm{s}^{-1}$

(c) 应变速率 $2\times10^{-3}\mathrm{s}^{-1}$

图4-5 不同应变速率下煤岩试样的典型热场分布和迁移对比图

低应变速率试样在 $0.50\sigma_p$ 时出现端部效应，热像高温区域开始向中部传递，$0.98\sigma_p$ 时刻试样下部出现高温异常点；中应变速率试样在 $0.98\sigma_p$ 时刻试样中上部出现高温异常区域；高应变速率试样在 $0.75\sigma_p$ 时刻出现高温异常突变点，到 $0.85\sigma_p$ 时刻进一步发育扩大，热像异常前兆出现时间明显，高应变速率试样可将 $0.75\sigma_p$ 在时间上作为应力预警警戒区，这与刘善军等的研究结果一致。不同应变速率试样在整个加载过程中，通过典型热场分布和迁移对比，能够清晰地看到煤岩表面红外辐射温度场的演化和分异特征，热像异常前兆能够在空间上对未来破裂区域起到预警指示作用。

4.1.4　不同应变速率下热辐射温度变化特征

利用本文所述的差分最高辐射温度 ΔT_{MIR} 来定量描述破裂过程中表面温度场的变化规律，绘制不同应变速率下应力、差分最高辐射温度与加载时间的关系曲线，研究试样破坏过程中温度、应力随时间的变化特征，变化曲线如图 4-6 所示。

分析图 4-6 可以看出：不同应变速率下的试样，整个加载过程中均呈现出增温趋势，在临破裂时刻都表现出骤增现象，温度突增范围为 1.0~2.4 ℃，这种变化预示着试样即将出现失稳破坏。

不同应变速率试样的表面温度随应力变化呈现出不同的变化特点：低应变速率试样（图 4-6a、图 4-6b）随着载荷的增加，表面温度呈缓慢平稳增加，进入塑性阶段后增温速率明显增加，在屈服点至峰值强度之间，出现了最高增温约为 1.5 ℃，加载至破裂应变约为 1.3~1.5 mm，用时为 650 s、300 s，结合试样破坏的形态特征，低应变速率下试样表现出高塑性；中应变速率试样（图 4-6c）在加载初期压密阶段表现为突然上升约 0.3 ℃，其后进入线弹性阶段后温度曲线缓慢平稳上升，屈服至峰值之间的出现浅 "V" 形异常转折，峰值时刻温度达到最大值约为 1.1℃，加载至破裂时间为 50 s 左右，约为低应变速率破坏时间的 $\frac{1}{10}$，试样表现出弱塑性；高应变速率试样（图 4-6d）表现出与中、低不同的变化趋势，表现为在屈服点之前温度变化平稳，总体上升幅度为 0.2 ℃ 左右，进入到屈服阶段温度开始起伏变化，屈服至峰值之间的出现深 "V" 形异常转折，峰值时刻温度达到最大值约为 2.4 ℃。加载至破裂时间约为 4 s，结合试样破坏后呈锥形特征，高应变速率下试样表现出高脆性。

低应变速率试样的最高温值比应力峰值提前出现几秒，中、高应变速率试样最高温值与应力峰值几乎同时到达，中、高应变速率试样在破坏失稳前温度曲线出现了 "V" 形异常转折现象。不同工况下的试样在临破裂前均出现的温度异常

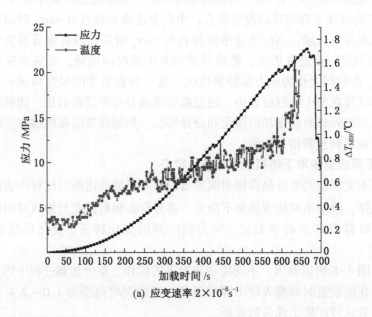

(a) 应变速率 $2\times10^{-5}s^{-1}$

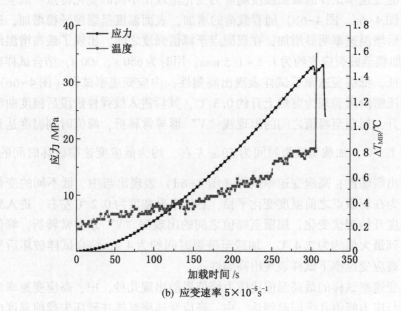

(b) 应变速率 $5\times10^{-5}s^{-1}$

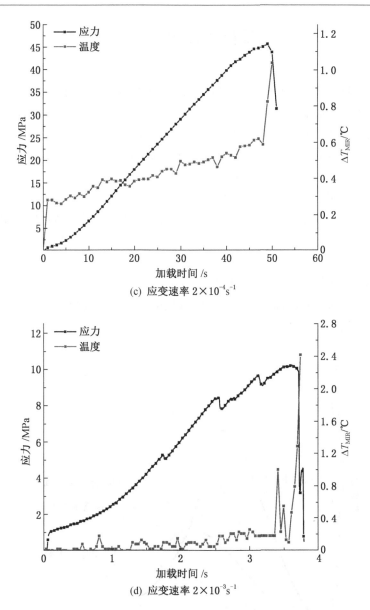

(c) 应变速率 $2 \times 10^{-4} s^{-1}$

(d) 应变速率 $2 \times 10^{-3} s^{-1}$

图 4-6　不同应变速率下试样最高辐射温度变化曲线

前兆信息,可以从时间上对煤岩破坏进行提前预警,同时还能够据此反算应力状况及地质工程稳定性情况。

4.2 潮湿煤体压缩破裂热辐射演化特征研究

深部煤层开采过程中，煤层赋存条件愈加复杂化，煤岩层往往呈现含水性，而水对煤岩具有软化、侵蚀和水楔作用，水分子影响了应力集中和裂纹的扩展，降低了煤体的表面能，水岩耦合作用会对煤岩体的强度特征、变形特征和红外特征等造成不可忽视的影响，使煤岩的力学特性和热辐射特性表现出一定程度的差异化现象。本节通过开展不同含水率的原煤煤样单轴压缩破裂实验，研究水分对煤岩应力应变特征、热辐射演化特征的影响。

本次实验所选煤样取自孔裂隙发育的平煤十矿己$_{16}$煤层，按照试样制备方案和实验步骤，将试样分为干湿两组，干燥样品3块，潮湿样品6块。实验室工业分析，试样水分为1.71%，灰分为6.92%，挥发分为20.42%，孔隙率为3.22%，焦煤。

4.2.1 水分对煤岩力学特性的影响

岩石的载荷—时间曲线是岩石力学性质的一个重要反映。不同含水率煤岩试样载荷—时间曲线特征对比如图4-7所示。

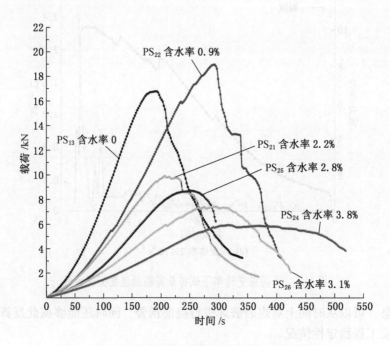

图4-7 不同含水率煤岩试样载荷—时间曲线特征对比

由图 4-7 可以很明显地看出，含水煤岩与干燥煤岩在加载过程中的载荷—时间曲线基本相似，具有阶段性。加载初期，由于煤岩内部存在空隙及试样与压头之间存在间隙，阶段曲线表现为向下弯曲。当煤岩试样内部的空隙及压头与试样间隙被压实后，曲线进入线性直线上升阶段，表明材料进入弹性阶段。此时，直线斜率即为试样的弹性模量，可以看出含水率越大的煤岩试样的塑性越强。同时，试样在加载到峰值载荷后曲线开始下降，干燥煤岩会立即发生破坏并伴随有岩爆声，而潮湿煤岩在达到应力峰值点后，不会立即破坏，应变仍能继续增大并具有较大的承载力。可以说明水会造成煤体软化，含水煤岩的峰值载荷有所降低，含水率越大峰值载荷越低，煤体脆—韧性特征越明显。

4.2.2 水分对煤岩热辐射温度的影响

本节采用差分最高辐射温度、温度极差等定量指标，研究水分对煤岩热辐射温度变化特征的影响。

1. 差分最高辐射温度

因试样较多，干燥煤岩试样选择 PS_{13} 为例、潮湿试样以 PS_{24} 为例进行讨论说明。干燥、潮湿煤岩试样载荷—时间及平均温度—时间对比曲线图，如图 4-8 所示。

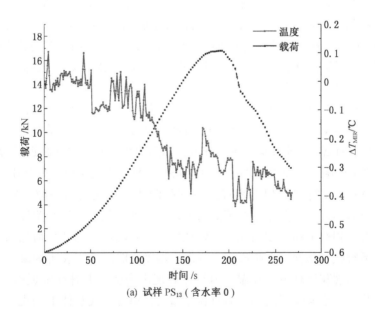

(a) 试样 PS_{13}（含水率 0）

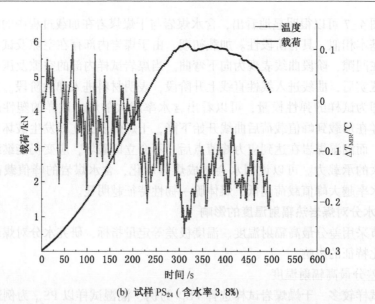

(b) 试样 PS_{24}（含水率 3.8%）

图 4-8　干燥、潮湿煤岩试样载荷—时间及平均温度—时间对比曲线图

由图 4-8 分析对比可以发现：干燥煤岩的 ΔT_{MIR} 变化曲线波动较小，潮湿煤岩的 ΔT_{MIR} 曲线波动较大。干燥、潮湿煤岩在整个加载过程中的 ΔT_{MIR} 在时间序列上表现出不同的阶段性，但总体上表现出不同于花岗岩、大理石岩等完整岩石在单轴加载过程中温度随载荷增加表现为上升现象，含孔隙、裂隙煤岩表面温度随载荷增加总体上呈现出下降趋势，与刘善军等实验结果相符，即内部含空隙的石灰岩、页岩表面温度随应力增加表现为下降；在临近破裂时干燥试样出现温度陡增的异常前兆，而潮湿试样表现为陡降的异常前兆。据实验统计，在两组煤岩实验中，干燥煤岩在临近破裂时 ΔT_{MIR} 曲线均表现为陡升，而潮湿煤岩有 5 块在临近破裂时 ΔT_{MIR} 曲线均表现为陡降，占总数的 80%，只有 PS_{22} 试样临近破裂表现为上升。

试样 ΔT_{MIR} 在时间序列上表现出不同的阶段性：在初始裂隙压密阶段，干燥、潮湿煤岩均表现出温度略有下降后极速上升的现象；线弹性阶段，干燥煤体前期温度变化相对平稳后期出现了陡降现象，而潮湿煤岩随载荷增加温度呈现出快速地上下跳跃；塑性变形阶段，干燥煤岩温度在时间序列表现为跳跃下降后在临近破裂时出现陡增现象，潮湿煤岩温度表现出先缓慢上升在临近破裂时陡降；剪切破坏阶段，干燥煤岩内部应力重新分布后，温度曲线总体上表现下降，而潮湿煤岩表现为先上升后平稳的趋势。

2. 温度极差

加载过程中不同性质的破裂发育会引起孕育不同的热效应，张性裂隙和剪性裂隙可分别引起温度降低和升高，在塑性—破坏阶段破裂加剧发育，煤岩的热辐射温变幅度会朝着极高和极低端发生不均衡迁移，可能会导致岩石温度离散程度发生异常，这种异常变化蕴藏着岩石破裂灾变信息。在这里借用统计数据里的极差 ΔT_R 来表示煤岩温度离散程度，是某一帧热辐射温度矩阵数据的最大值与最小值之差。ΔT_R 值越小，表明数据的离散程度越弱；反之，则表明数据的离散程度越强。干燥、潮湿煤岩试样温度极差 R 曲线如图 4-9 所示。

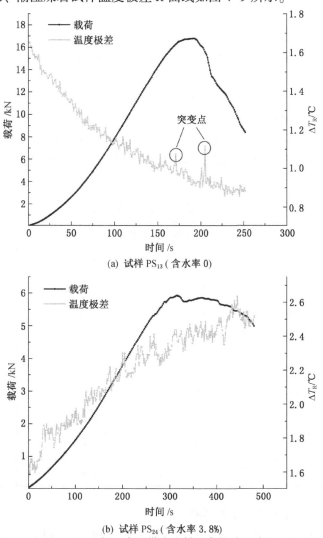

(a) 试样 PS_{13}（含水率 0）

(b) 试样 PS_{24}（含水率 3.8%）

图 4-9　干燥、潮湿煤岩试样温度极差 R 曲线

由图 4-9 可以看出：干燥试样温度极差 ΔT_R 与载荷的变化呈负相关，随载荷增加表现出下降趋势，但在变形进入塑性—峰后破裂阶段，试样表面损伤加剧发育引起了极差突变异常现象，表现为极差 ΔT_R 值出现了跳跃突增；潮湿试样温度极差与载荷的变化步调基本一致，在弹性阶段前期出现了突增现象，随后随着载荷增加极差值也随之缓慢上升，但在载荷峰值后极差呈平稳变化；干燥试样温度极差 ΔT_R 随载荷增加呈下降趋势，说明破裂过程中红外温度向极低和极高端发生不均衡迁移变小，而潮湿试样温度极差 ΔT_R 表现为随载荷增加而上升，不均衡迁移变大。

对所有干、湿试样的峰值载荷时的温度极差 R 进行统计对比分析（表 4-3）。通过对比分析可以看出：在峰值载荷前，潮湿煤样加载过程中温度极差 ΔT_R 的变化幅度明显大于干燥煤样。PS_{13} 干燥试样在 190 s 峰值载荷时温度极差为 0.91 ℃，而 PS_{24} 潮湿试样在 315 s 峰值载荷前温度极差为 2.43 ℃，是 PS_{13} 试样的 2.7 倍；3 块干燥试样中峰值载荷时的温度极差平均为 0.89 ℃，6 块潮湿煤样峰值载荷时的温度极差平均为 1.92 ℃，是干燥试样的 2.2 倍。这也验证了刘善军在对潮湿砂岩进行单轴加载过程中的发现，潮湿砂岩红外辐射平均增幅大于干燥砂岩，是后者的 4 倍多。

表4-3　各试样峰值载荷及温度极差

含水性	试样编号	峰值载荷/kN	峰值载荷时温度极差 R/℃	温度极差平均 R/℃
干燥煤样	PS_{11}	15.2	0.98	0.89
	PS_{12}	19.6	0.79	
	PS_{13}	16.7	0.91	
潮湿煤样	PS_{21}	8.7	0.58	1.92
	PS_{22}	8.9	1.78	
	PS_{23}	6.1	1.79	
	PS_{24}	5.9	2.43	
	PS_{25}	9.7	2.23	
	PS_{26}	7.4	2.68	

4.2.3　水分对煤岩热像演化的影响

在实验过程中，利用热像仪记录试样加载过程中表面热场时间序列的分布和迁移特征，可以很清楚地监测到试样表面红外辐射温度场的分布及迁移现象，证实了热像图上的异常演化可以说明试样表面局部破裂的发育。利用热像序列处理方法，生成如图4-10所示的加载过程中干燥、潮湿试样热像时空演化对比图。

由图4-10可以看出，潮湿试样PS$_{24}$在加载过程中红外温度场出现了非均匀性变化，试样上部出现了条带状的辐射强度分异现象，条带处的辐射强度明显与周围不同，表现为高温辐射，下部加载端也同时出现了区域高温；而干燥试样PS$_{13}$自开始加载到破裂整个过程中，局部存在分异现象，在试样中部出现了"O"形高温区域，高温异常条带就是发生剪切破裂的位置。干燥、潮湿试样在破裂瞬间的热像特征不同，潮湿试样多在破裂过程中热像特征相对平静，而干燥煤样红外热像特征变化明显，"O"形高温区域颜色明显变浅，试样表面的整体降温趋势较为明显。

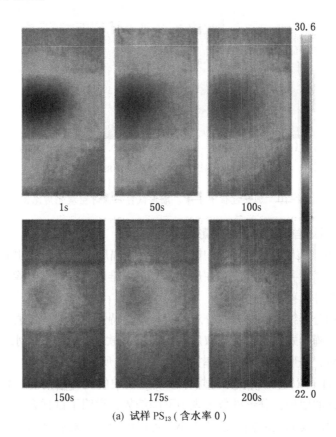

(a) 试样PS$_{13}$（含水率0）

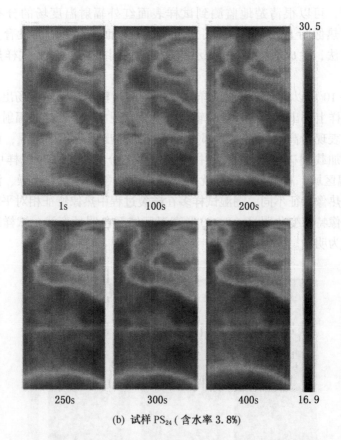

1s　　　　　100s　　　　　200s

250s　　　　　300s　　　　　400s

(b) 试样 PS$_{24}$（含水率 3.8%）

图 4-10　加载过程中干燥、潮湿试样热像时空演化对比图

4.2.4　水分对煤岩热辐射特性的影响

由图 4-10 可以看出加载过程中温度的变化幅度不大，趋势也较为类似，即使在加载后期塑性—破裂阶段存在局部差异，也难以直接通过图像对比分析来说明含水性对红外辐射强度的影响。

本节利用分形维数来研究水分对煤岩热辐射特性的影响。煤岩试样表面红外辐射温度以矩阵形式储存，经提取后利用 Matlab 软件计算不同含水率试样温度曲线的分形维数，分形维数与含水率关系如图 4-11 所示。

由图 4-11 可以看出，水分对煤体破裂过程中的红外辐射有一定的影响。随着试样含水性的增加，分形维数表现为下降趋势，说明了试样含水率越大，平均红外辐射温度曲线的波动幅度也就越小，可以说明水分对煤体的红外辐射温度变

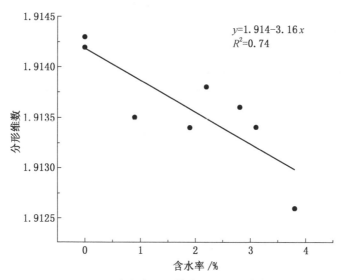

图4-11 含水率不同煤体的分形维数关系

化起到了抑制作用。

图4-10为干燥试样PS_{13}、潮湿试样PS_{24}加载过程中红外热像时空演化特征对比，其中潮湿试样在加载过程中热像特征相对平静，没有出现明显的变化，这与分形维数表示含水率越大的煤样温度变化曲线波动性越小的结论一致，两种表现形式分形维数、红外热像演化在表征含水率与温度变化方面可以相互补充、验证。高保彬等通过干燥、自然、饱和3种状态煤样在破裂过程中有分形特征，并随含水量的增加，分形维数出现降低现象。

4.3 含水率对松软煤体热辐射演化特征的影响

松软煤也称构造煤，具有煤质松软、强度低，易发生冲击地压或突出等动力灾害。对于动力灾害的预防，多数矿井采用水力冲孔、水力压裂等注水措施来消突减灾。然而，煤岩层水渗流作用下能够湿润煤岩体，增加其含水率，改变煤岩体的物理力学性质，从而可以改变煤岩层的应力场。本节通过开展不同含水率的型煤煤样单轴压缩破裂实验，研究了水分对煤岩力学特性及热辐射演化特征的影响。

本次实验所用煤样取自鹤煤八矿3105工作面，该工作面开采二$_1$煤层，煤层平均厚度为7.0m，平均倾角为28°；工作面直接底为粉砂质砂岩，平均厚度为2.13m，基本底为粉砂岩，平均厚度为2.71m；直接顶为砂质泥岩，厚度为

3.15m，基本顶为泥岩，厚度为4.06m；该矿为煤与瓦斯突出矿井。实验室工业分析，试样水分为1.19%，灰分为9.6%，挥发分为13.75%，孔隙率为7.61%，坚固性系数 f 为0.32。

4.3.1 水分对松软煤体力学特性的影响

不同含水率煤样在受载过程中载荷—位移曲线形状大体相似；随着含水率的增大，煤样单轴压缩全过程载荷—位移曲线有整体右移上升的趋势；在经过初始压密阶段后，很快进入线弹性阶段，但此时出现了明显的差异：线弹性阶段斜率及线弹性阶段长度随着含水率的增大表现为先增大后减小（图4-12）。

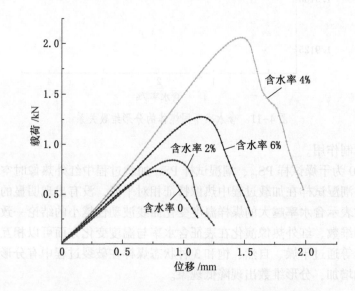

图4-12 不同含水率下煤样的载荷—位移曲线

试样力学参数见表4-4，不同含水率峰值应力、弹性模量变化规律如图4-13所示。

由表4-4和图4-13可见：随着含水率的增大，试样的峰值应力、弹性模量表现为先增大后减小趋势，峰值应力及弹性模量在含水率4%时达到最大。煤样的含水率增至4%时，峰值应力、弹性模量有了明显的增大，峰值应力由0.389 MPa增至1.042 MPa，弹性模量由0.061 GPa增至0.089 GPa；含水率由4%增至6%时，峰值应力、弹性模量表现为减小，峰值应力由1.042 MPa 降至0.710 MPa，弹性模量由0.089 GPa 降至0.071 GPa。

表4-4 试样力学参数

试样编号	试样尺寸 (φ×h)/(mm×mm)	实验时质量/g	含水率/%	峰值强度/MPa	平均峰值强度/MPa	弹性模量/GPa	平均弹性模量/GPa
HB$_{11}$	49.34×110.04	265.10	0	0.361	0.389	0.061	0.061
HB$_{12}$	49.33×111.68	264.62		0.384		0.062	
HB$_{13}$	49.62×108.39	264.71		0.403		0.061	
HB$_{14}$	49.57×104.06	258.19		0.407		0.060	
HB$_{21}$	49.41×109.20	267.40	2	0.468	0.445	0.063	0.060
HB$_{22}$	49.36×108.10	268.34		0.440		0.060	
HB$_{23}$	49.40×108.50	268.56		0.427		0.058	
HB$_{31}$	49.45×103.79	278.03	4	1.076	1.042	0.087	0.089
HB$_{32}$	49.49×102.96	277.22		0.944		0.085	
HB$_{33}$	49.42×104.72	279.32		1.166		0.094	
HB$_{34}$	49.91×106.74	277.38		0.981		0.088	
HB$_{41}$	49.47×104.55	283.79	6	0.788	0.710	0.074	0.071
HB$_{42}$	49.86×106.82	283.24		0.664		0.068	
HB$_{43}$	49.95×106.92	282.94		0.720		0.072	
HB$_{44}$	49.36×107.29	282.63		0.666		0.071	

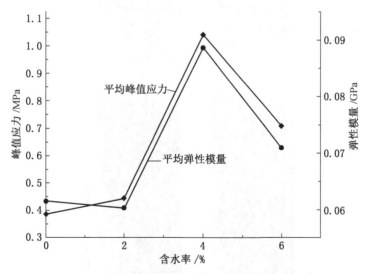

图4-13 不同含水率峰值应力、弹性模量变化规律

　　水分含量在 4% 之前时，随着水分的增加，煤颗粒逐渐被水分湿润，湿润的煤颗粒逐渐黏结，提升型煤的黏聚力，使型煤的抗压强度增强。水分含量在 4% 之后，随着水分增加，煤颗粒被水分湿润逐渐过度，煤颗粒被水分包围，型煤开始软化，黏聚力降低，型煤的抗压强度逐渐降低。实验表明，水分影响着松软煤的峰值强度，合理的注水可以提高松软煤的固结强度。

4.3.2　水分对松软煤体热像演化的影响

　　通过红外热像图可以观测到煤样在整个加载破裂失稳过程中表面红外热场的分布和时空演化特征，选择 $0.10\sigma_p$、$0.50\sigma_p$、$0.75\sigma_p$ 及 σ_p 共 4 个时刻进行热像演化对比分析，其中 σ_p 为单轴峰值强度，温差变化幅值统一设置为 $-0.7\sim1.3$ ℃。含水率为 0 和 4% 的试样加载过程中典型时刻热像演化对比如图 4-14 所示。

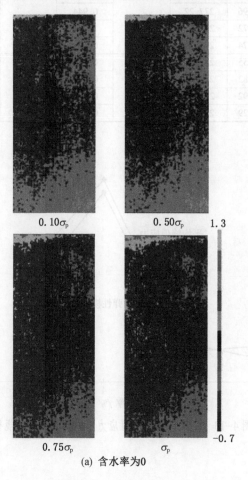

$0.10\sigma_p$　　　　　$0.50\sigma_p$　　1.3

$0.75\sigma_p$　　　　　σ_p　　-0.7

(a) 含水率为 0

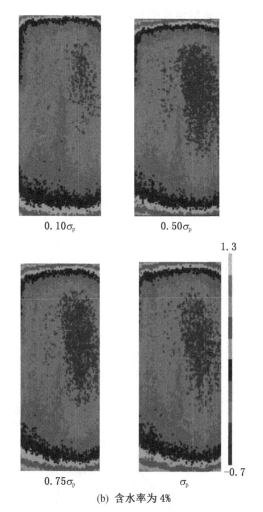

0.10σ_p　　　　　0.50σ_p

0.75σ_p　　　　　σ_p

(b) 含水率为4%

图4-14　含水率为0和4%的试样加载过程中典型时刻热像演化对比

　　由图4-14可以看出，含水率为0的试样在加载过程中红外辐射温度场出现非均匀变化，表现为低温区域随着载荷的增加逐步减小，高温区域相应地增加，特别是在应力0.75σ_p时刻出现由摩擦效应或应力集中引起的高温斑点，这些斑点分布在热像图对角线的两侧，在临破裂前高温斑点骤然增多。含水率为4%的试样，在加载过程中没有出现明显的红外异常，热像变化特征相对平静。含水率为0的试样在上部被动加载端出现了高温区域，而含水率为4%的试样上下加载端部的升温幅度都高于中间位置，出现了明显的温度梯度效应。

4.3.3 水分对松软煤体热辐射温度的影响

本节采用差分最高辐射温度定量指标研究水分对松软煤体热辐射温度变化特征的影响。4种不同含水率煤样的平均红外辐射温度增幅及载荷随时间的变化曲线如图4-15所示。

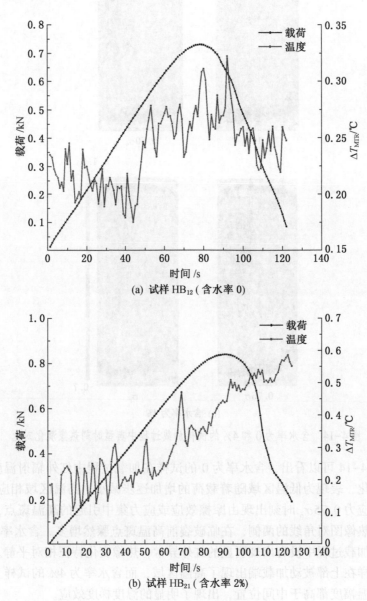

(a) 试样 HB$_{12}$（含水率 0）

(b) 试样 HB$_{21}$（含水率 2%）

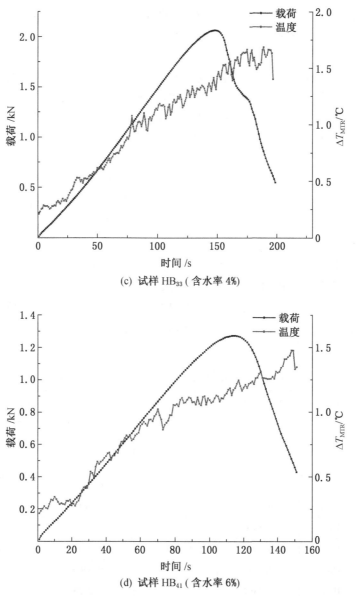

(c) 试样 HB₃₃（含水率 4%）

(d) 试样 HB₄₁（含水率 6%）

图 4-15　4 种不同含水率煤样的平均红外辐射温度增幅及载荷随时间变化曲线

从图 4-15 可见：在含水率较低时（图 4-15a、图 4-15b），试样的 MIRT 曲线在变化过程中相对波动较大，温度上升幅度小，而含水率较高时（图 4-15c、图 4-15d），MIRT 曲线在变化过程中相对波动较小，变化越平稳，温度整体上升幅度越大；含水率较高时，试样的 MIRT 曲线随着载荷的增加而增加，两者变化步调一致，具有良好的同步性，而含水率低的试样载荷—时间与温度—时间曲线的同步性较差。

含水率为 0 时，整个过程温度变化波动振荡较大，试样 MIRT 曲线表现为在加载初期呈台阶状下降，在线弹性阶段初期 44 s 时出现温度极小值后呈渐越式上升，峰值载荷 14 s 后出现温度极大值，峰值载荷后温度出现快速下降；含水率为 2% 时，试样 MIRT 曲线初始加载阶段快速下降后振荡上升，在进入线弹性阶段中期后表现为随载荷增大，其温度随之升高，两者变化已经开始表现出一定的同步性，温度极大值点出现在峰值载荷前 20s，该峰值点出现时刻应力为 $0.85\sigma_p$；含水率为 4%、6% 的试样，两者在线弹性阶段表现出了良好的同步性，温度最大值出现在峰值载荷后 30 s。煤体温度极大值出现不同程度的延迟，含水率越大，延迟时间越长。其原因是，当试样含水率进一步增大，孔裂隙水含量增大，孔隙水与水膜稳定连接提供一定的刚度，在一定程度上延缓了摩擦生热的发生。

4.3.4 水分影响下 MIRT 与应力的定量关系

由上述可知，水分影响了松软煤体的力学及热辐射，为了研究应力与热辐射之间的定量关系，统计了不同含水状态峰值应力前 ΔT_{MIR} 增幅和单位应力 MIRT 增幅（$\Delta t/\sigma$），统计结果见表 4-5。

表 4-5 煤样试样峰值载荷前 MIRT 增幅统计结果

含水率/%	试样编号	峰值应力前 MIRT 增幅/℃	峰值应力前 MIRT 平均增幅/℃	单位应力 MIRT 增幅/(℃·MPa⁻¹)	单位应力 MIRT 平均增幅/(℃·MPa⁻¹)
0	HB₁₁	0.2812		0.7789	
	HB₁₂	0.2932	0.2869	0.7635	0.7394
	HB₁₃	0.3036		0.7533	
	HB₁₄	0.2694		0.6619	
2	HB₂₁	0.3636		0.7769	
	HB₂₂	0.4432	0.3872	1.0073	0.8717
	HB₂₃	0.3548		0.8309	
4	HB₃₁	1.3582		1.2623	
	HB₃₂	1.3124	1.3567	1.3903	1.3101
	HB₃₃	1.3724		1.1770	
	HB₃₄	1.3838		1.4106	

表4-5（续）

含水率/%	试样编号	峰值应力前 MIRT 增幅/℃	峰值应力前 MIRT 平均增幅/℃	单位应力 MIRT 增幅/(℃·MPa⁻¹)	单位应力 MIRT 平均增幅/(℃·MPa⁻¹)
6	HB₄₁	1.3236		1.6797	
	HB₄₂	1.3192	1.2805	1.9867	1.8108
	HB₄₃	1.2936		1.7967	
	HB₄₄	1.1856		1.7802	

图4-16 所示为峰值载荷前不同含水率 MIRT 增幅与应力曲线，可以看出：随着含水率的增大，应力—温度的线性关系越来越好，含水率为 0 时拟合度 R^2 为 0.41，含水率为 4% 时拟合度 R^2 为 0.95；不同含水率的煤样由加载直至最终破坏均表现为增温，但增温的幅度即曲线的斜率 k 却有明显的差异：随着含水率增加，增温幅度表现为先增加后减小，含水率 4% 时增温幅度最大，增温为干燥煤样的 7 倍，说明了水分增强了红外辐射的强度，这与邓明德、刘善军等的研究成果一致。

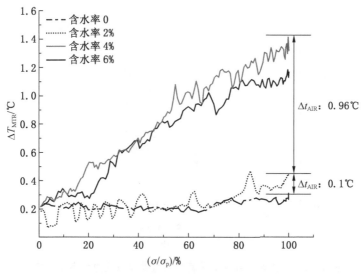

图4-16 不同含水率煤样受载过程 MIRT 增幅与应力关系

含水率与峰值载荷前增温量及单位应力增温量的关系，如图4-17 所示。

由图4-17 并结合表 4-5 可见：随着含水率增加，MIRT 增幅曲线表现为先

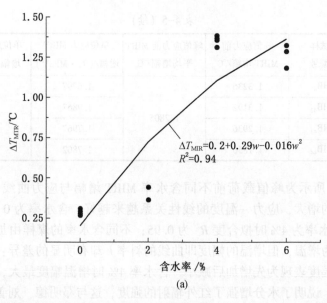

(a)

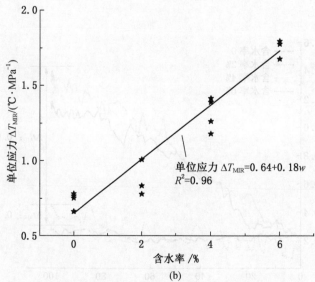

(b)

图 4-17 含水率与峰值载荷前增温量及单位应力增温量的关系

增加后减小，整体呈开口向下的抛物线形，含水率为 0 的试样峰值载荷前 MIRT 平均增幅 0.2869 ℃，试样含水率为 4% 时 MIRT 平均增幅 1.3567 ℃，约为干燥试样的 4.7 倍，试样含水率为 6% 时 MIRT 平均增幅 1.2805 ℃，约为干燥试样的

4.5 倍。单位应力 MIRT 增幅与含水率呈线性正关系，含水率为 0 的试样单位应力 MIRT 平均增幅为 0.7394 ℃/MPa，试样含水率为 4% 时单位应力 MIRT 平均增幅 1.3101 ℃/MPa，约为干燥试样的 1.8 倍。

4.3.5 受载煤体 MIRT 曲线波动性的解释

煤作为一种复杂的多孔性介质，其内部存在着大量的裂隙、孔隙，依据其连通性可分为开放孔和封闭孔。

在加载初期，开放性孔裂隙受压闭合，体积压缩变小，所含气体膨胀做功携带走一部分热量，致使温度快速降低。随着含水率的增大，煤体孔裂隙内的气体在更大程度上被水颗粒所驱替，所以，在加载初期压密阶段气体受压膨胀做功吸热降温这一现象也随之减弱。在图 4-15 中，含水率为 0、2% 煤样在加载初期出现了明显的降温现象，而含水率为 4%、6% 的煤样没有出现这一现象。水颗粒的驱替作用是导致不同含水率煤样在加载初期温度变化趋势差异的原因。

煤样中一定的水对煤的固化作用使其峰值强度和弹性模量增强、弹塑性增强，同时，水颗粒在压力的驱使下浸替了煤样孔裂隙中游离态气体，两方面的原因都影响了受压过程中微裂隙的发育扩张。Zang 等进行了干、湿对砂岩单轴压缩实验，发现潮湿砂岩加载过程中产生的裂纹密度与裂纹长度少于干燥试样。张超等通过实验验证，水分影响了试样压缩过程中的孔裂隙发育情况，含水砂岩产生的孔裂隙更少。

基于上述分析，对不同含水率煤样热辐射温度曲线波动性原因分析如下：

含水率为 0、2% 的煤样，含水率低，煤体试样在压缩过程中内部孔裂隙发育及扩张充分，坍塌孔裂隙面相互挤压摩擦所引起的摩擦热效应是引起煤样表面平均红外辐射温度曲线波动性较大的主要原因，不同性质的破裂发育所产生的热效应不同，剪性裂隙和张性裂隙可分别造成热力学温度上升和下降。在图 4-15a、图 4-15b 及图 4-16 中，加载压密阶段及线性阶段初期，试样的微破裂发育充分，是导致温度振荡性上下波动起伏的原因。

含水率为 4%、6% 的煤样，含水率高，水分的浸替影响了试样内部孔裂隙发育，摩擦热效应对辐射能量的影响也相应减少，此时，应力对红外辐射的影响程度逐渐变大，线弹性阶段的温度曲线与应力变化曲线一致性越来越好，进一步显示了在弹性范围内温度与应力满足线性关系（图 4-15c、图 4-15d、图 4-16）。

4.4 不同破坏程度煤岩的热辐射演化特征研究

根据煤体的破坏程度（构造、节理特性等）把煤体结构划分为 5 类，相关现场统计资料表明，一般 I、II 类为非突出危险型，III、IV、V 类为突出危险型。不同结构类型的煤，其坚固性系数 f 值也不相同，它们之间有着一定的联系，煤体结构越完整，坚固性系数 f 值越大，同时，坚固性系数 f 也是判断煤与瓦斯突出动力灾害的重要指标。本节通过开展不同破坏类型煤样单轴加载压缩及红外辐射监测实验，分析研究坚固性系数对煤岩损伤过程中力学特性、红外辐射特性的影响。

实验选用煤样分别取自焦煤赵固一矿（ZG）、神火某矿（SH）及平煤十矿（PS），其坚固性系数 f 值分别对应为 1.02、0.68 及 0.35，呈梯度分布，符合实验对煤样坚固性系数的要求。

4.4.1 不同破坏程度煤岩的力学特性

为了研究不同破坏程度煤岩的力学特性，进行了 3 种不同破坏程度试样的单轴压缩实验。煤样力学参数与坚固性系数的关系如图 4-18 所示。

图 4-18a 为不同破坏程度煤样单轴压缩应力—应变曲线，可以看出，破坏程度影响了试样的强度特征和变形，不同破坏程度试样在压缩的整个过程中均经历压密、弹性、屈服及破坏 4 个阶段。

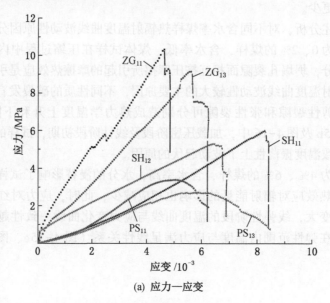

(a) 应力—应变

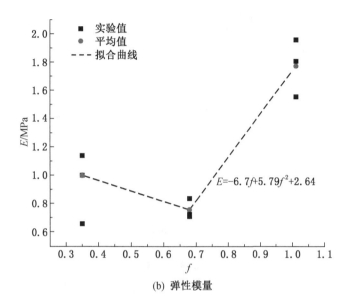

(b) 弹性模量

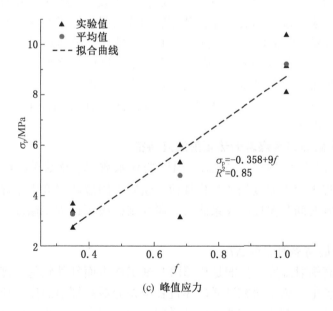

(c) 峰值应力

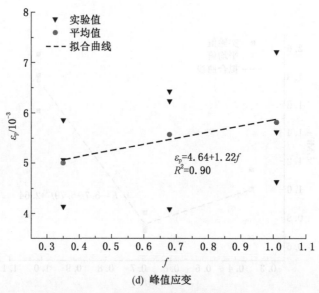

(d) 峰值应变

图 4-18　煤样力学参数与坚固性系数的关系

曲线显示出，坚固性系数为 0.68(SH) 试样及 1.02(ZG) 试样在峰值应力条件下，试样发生瞬态崩裂破坏，破坏后的残余强度几乎为零；坚固性系数为 0.35(PS) 试样，峰值应力后，试样发生流变破坏，破坏后仍存在一定的残余强度。试样弹性模量的均值与 f 值呈二次关系，试样的峰值应力、峰值应变随坚固性系数的变化趋势基本相同，均随着 f 值的增加而增加，但峰值应力增加的速率更快一些；二者呈线性关系，拟合均符合线性关系，回归方程如图 4-18c、图 4-18d 所示。

4.4.2　不同破坏程度煤岩的热辐射温度特征

利用差分最高辐射温度 ΔT_{MIR}、温度变异系数 T_{CV} 及欧氏距离 ΔT_d 来定量描述破裂过程中表面温度场的变化规律，绘制不同破坏程度类型煤岩受载过程中应力、加载时间与温度的关系曲线，研究试样破坏过程中温度、应力随时间的变化特征。

1. 差分最高辐射温度 ΔT_{MIR}

差分最高辐射温度，指的是相邻两时刻试样表面红外辐射温度场所有像素点最大值的差值。为了研究试样破坏过程中差分最高辐射温度、应力随加载时间的变化特征，绘制不同破坏程度试样的应力、差分最高辐射温度与加载时间的变化曲线，如图 4-19 所示。

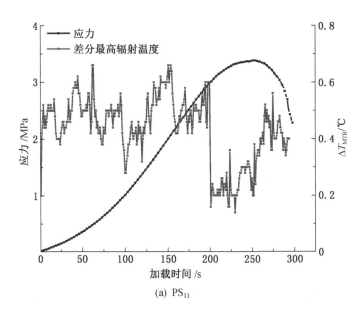

(a) PS$_{11}$

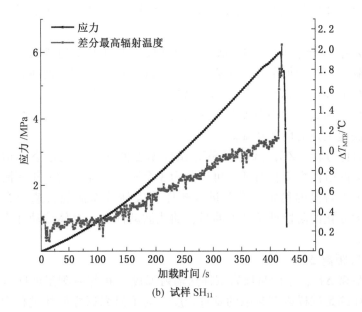

(b) 试样 SH$_{11}$

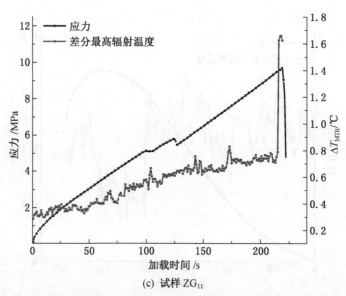

(c) 试样 ZG$_{11}$

图 4-19　不同破坏程度试样的应力、差分最高辐射温度随时间的变化曲线

分析图 4-19 可以看出：不同破坏程度的试样，温度呈现不同的阶段性变化特征。

Ⅰ 类 ZG$_{11}$ 试样、Ⅱ 类 SH$_{11}$ 试样加载过程中温度变化趋势基本一致，表现为随着加载应力的增加呈升温趋势，临破裂前温度出现骤增前兆特征，温度突增可达 2.0 ℃左右，这种变化预示着试样即将出现失稳破坏。Ⅲ 类强烈破坏煤样 PS$_{11}$，整个加载过程中温度变化曲线波动性相对较大，进入塑性阶段后，出现骤降后快速上升的前兆特征。

通过对比分析，ZG$_{11}$ 试样和 SH$_{11}$ 试样温度曲线的变化形态相似，并与应力具有对应的阶段性变化特征，可以分为 3 个阶段：加载初期压密阶段的低水平发展、弹性阶段的稳定上升及进入塑性阶段临破裂前的快速上升。而煤样 PS$_{11}$ 随应力变化的阶段性特征不明显，曲线波动性大，总体波动性变化特征最为明显。

2. 欧氏距离 ΔT_d

欧氏距离 ΔT_d，指的是煤岩试样热辐射温度场相邻时刻温度向量间的绝对距离，表征的是试样内部裂隙的发育程度。为了研究试样破坏过程中应力、欧氏距离随加载时间的变化特征，绘制破坏程度不同的试样应力、欧氏距离与加载时间的关系曲线，如图 4-20 所示。

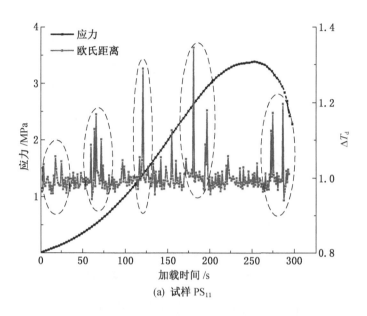

(a) 试样 PS₁₁

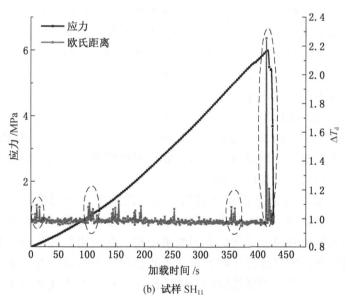

(b) 试样 SH₁₁

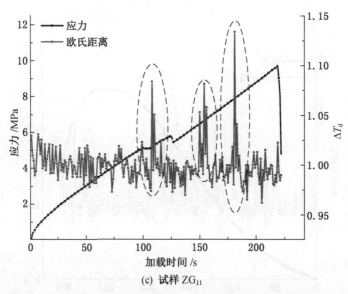

(c) 试样 ZG₁₁

图 4-20 不同破坏程度试样的应力、欧氏距离随时间的变化曲线

由图 4-20 可以看出，不同破坏程度的试样相邻时刻试样红外温度场欧氏距离总体变化趋势存在差异，局部波动突变性特征也存在明显性差异。

Ⅰ类 ZG₁₁ 试样总体上相邻时刻热辐射温度场欧氏距离呈上下起伏交替，表示该试样相邻时刻试样红外温度场变化程度剧烈。加载初期，试样内部的孔裂隙被压密，颗粒摩擦升温效应及气体膨胀做功降温效应，表面温度场分异明显，使得欧氏距离出现快速的上下起伏交替。线弹性阶段后期，试样内部孔裂隙开始孕育扩展，欧氏距离首次出现了突升，预示着试样弹性阶段的结束。在塑性变形阶段，试样内部剪切和张性破裂大量发育，使得欧氏距离的突升值、峰值和频率大量增加，随着继续加压，欧氏距离出现了峰值，意味着试样此刻进入塑性变形后期，试样即将破坏。

Ⅱ类 SH₁₁ 试样总体上相邻时刻温度场欧氏距离上下起伏不大，当试样应力达到峰值发生破坏，欧氏距离出现一个峰值并迅速降落至较低程度。加载初期，试样进入压密阶段，开放的孔裂隙被压密，在压密的过程中颗粒间产生摩擦效应，同时里面的气体受压膨胀做功吸收热量，温度场分异开始，欧氏距离首次出现了突升。进入线弹性阶段，欧氏距离在该阶段表现比较平稳，在弹性阶段前期欧氏距离值出现几次小程度的突升后迅速降低至平稳程度。进入弹性后期（塑性变形阶段），欧氏距离值再次出现了突升，说明了此刻孔裂隙孕育扩展加速形成宏观断裂面，温度场分异现象明显发生，能够作为试样破坏失稳的前兆点。

Ⅲ类强烈破坏 PS$_{11}$ 试样总体上相邻时刻温度场欧氏距离表现出与Ⅰ类、Ⅱ类试样不一样的起伏交替特征，对应力的阶段性变化比较敏感。加载初期，压密阶段温度场欧氏距离出现了两次突升，第一次突升幅度小，说明试样此刻内部的孔裂隙开始压密，温度场开始分异，同时第二次突升开始发生且幅度更大，这表明此刻温度变化效应明显增强，欧氏距离回落到稳定水平，意味着压密阶段结束线弹性阶段开始。当试样继续加载，欧氏距离出现突升且达到峰值，此刻试样内部的剪切和张拉裂隙急剧发育，温度场分异程度显著，意味着试样此刻进入塑性变形阶段的后期，试样即将破坏。

3. 温度变异系数 T_{cv}

变异系数（又称离散系数）是衡量数据离散程度的一个归一化指标，它能够忽略数值量级的影响，规避了数据的度量单位。红外辐射温度变异系数 T_{cv}，指的是煤岩破裂失稳过程中第 p 帧的表面辐射温度标准差与平均温度值的比值。

为了研究试样破坏过程中应力、温度变异系数随加载时间的变化特征，绘制破坏程度不同试样的应力、温度变异系数与加载时间的关系曲线，如图 4-21 所示。

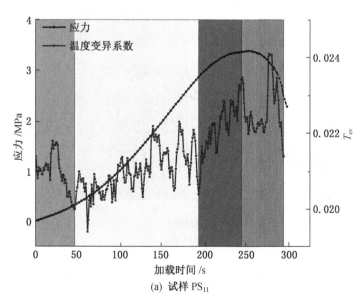

(a) 试样 PS$_{11}$

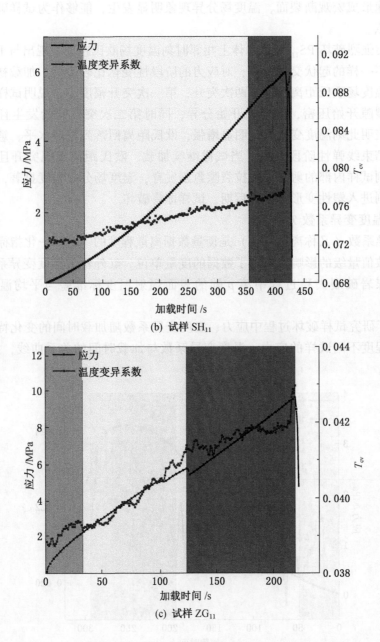

(b) 试样 SH₁₁

(c) 试样 ZG₁₁

图 4-21　不同破坏程度试样的应力、温度变异系数随时间的变化曲线

由图 4-21 可以看出，不同破坏程度的试样温度变异系数随应力变化表现出不同的变化特征，局部差异性明显。

Ⅰ类完整煤 ZG_{11} 试样，温度变异系数表现为随着应力的增加而增加，且与应力曲线的一致性变化较好，塑性阶段后期出现了小幅度的突升现象，温度突变系数快速上升，上升的起点可作为试样破裂时的前兆点，前兆时间点为 $0.86\sigma_p$。

Ⅱ类破坏煤 SH_{11} 试样，温度变异系数加载初期小幅度升高后开始平稳缓慢上升，塑性阶段后期至临破裂时刻出现了大幅度的突升，突升幅度为 15.6%，前兆时间点为 $0.92\sigma_p$。

Ⅲ类强烈破坏煤 PS_{11} 试样，温度变异系数在整个加载过程中表现出与应力变化形态相似。加载初期压密阶段试样内部孔裂隙被压密，应力曲线表现为向下弯曲后缓慢上升，温度变异系数曲线此阶段表现为先上升后下降到较低程度，说明此刻试样表面温度场离散程度较低，原生孔裂隙压密完成，压密阶段结束；线弹性阶段，应力与温度变异系数曲线相关，随着应力的增加，温度变异系数开始缓慢上升；塑性破坏阶段，应力表现为缓慢上升，此刻试样内部的孔裂隙开始孕育扩展，加剧了试样表面温度场的分异性，温度变异系数快速升高，在应力峰值时温度变异系数达到最大；破坏阶段，由于试样坚固性系数较低，表现为一定的塑性特征，试样过峰值后没有立即破坏，试样内部孔裂隙发育形成宏观裂纹，与空气接触面热交换增加，表面温度场分异现象减小，温度变异系数降低至较低水平。

4.4.3 不同破坏程度煤岩的热像演化特征

实验过程中，利用热像仪记录试样加载过程中表面热场时间序列的分布和迁移特征，可以很清楚地监测到煤样表面红外辐射温度场的分布及迁移现象。为了使实验结果更有对比性，选择 $0.50\sigma_p$、$0.75\sigma_p$、$0.85\sigma_p$、$0.98\sigma_p$ 及 σ_p 共 5 个时刻进行热像演化对比分析，其中 σ_p 为单轴抗压峰值强度，温差变化幅值统一设置为 $-0.7 \sim 1.3$ ℃。

利用热像序列处理方法，生成如图 4-22 所示的不同破坏程度试样加载过程差值热像演化序列图。

由图 4-22 可以看出，不同破坏程度的煤样在整个加载过程中表面温度场均表现出非均匀性变化，呈现出不同的分异和时空演化特征，Ⅰ类和Ⅱ类煤样分异现象明显，Ⅲ类试样整体上变化差异较小。

Ⅰ类非破坏煤 ZG_{11} 试样，在 $0.50\sigma_p$ 时受载上端局部位置出现了高温区域，随着加载的进行，$0.75\sigma_p$ 时上端部热像高温区域不断扩大，且在试样表

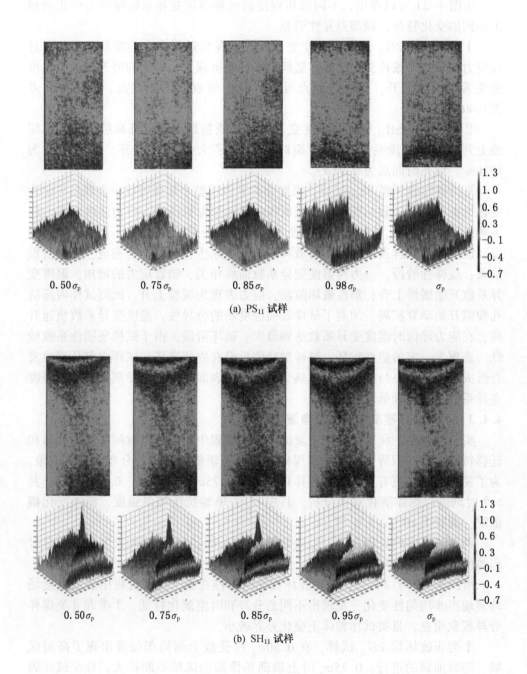

(a) PS₁₁ 试样

(b) SH₁₁ 试样

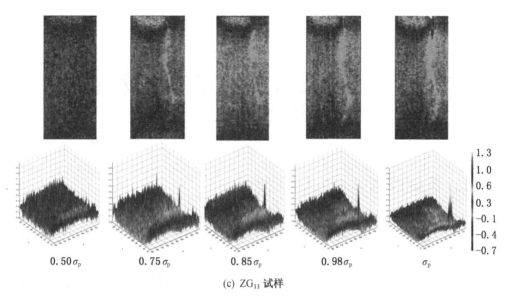

(c) ZG$_{11}$ 试样

图 4-22　不同破坏程度试样加载过程差值热像演化序列图

面出现了与周围明显异常不同的狭长低温条带，此低温条带随着应力的加载开始发育扩展到 $0.98\sigma_p$ 时几乎贯通到试样上端部，当加载应力超过峰值 σ_p 时很明显观测到低温条带延深连通到上端部，最终试样开始沿着低温条带发生张性拉伸破裂，试样形成宏观裂纹的走向及位置与低温异常条带一致。

　　II 类破坏煤 SH$_{11}$ 试样表面温度场分异现象明显，出现了很明显的端部效应，表现在上下端部出现高温区域，而上端部区域温度更高。同时，在 $0.50\sigma_p$ 时试样沿对角线开始出现了高温异常条带，随着加载的进行，$0.85\sigma_p$ 时异常高温条带延伸到上下端部位置，当加载应力到峰值 σ_p 时很明显观测到高温条带延伸到上下端部，试样开始沿着高温条带发生单斜面剪切破坏，试样形成宏观裂纹的走向及位置与高温异常条带一致。

　　III 类强烈破坏煤 PS$_{11}$ 试样表面温度场表现出与其他破坏程度不同的分异与演化特征，整个加载过程表面温度呈上升趋势。随着应力的加载，$0.75\sigma_p$ 之前试样表面基本上为低温区域，$0.85\sigma_p$ 时在试样的右下部位置温度升高，临近破坏时刻 $0.98\sigma_p$ 试样在下端部出现高温区域，σ_p 时试样发生破坏，破坏形式不明显。

5 承载煤岩热—流—固耦合
数值模拟研究

5.1 承载煤岩体应力场模型

以煤岩体为研究对象，它的力学性质表现为弹性、塑性、黏性或三者之间的组合，如黏弹性、弹塑性、黏弹塑性等。求解相关的力学问题需要从物体的单元微分体出发，研究为分体的力学平衡关系（平衡方程）、位移和应变关系（几何方程）以及应力和应变的关系（本构关系），得到相应的基本方程，然后联立、积分求解这些方程。其基本程序如图 5-1 所示。

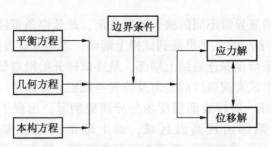

图 5-1 煤岩体力学问题求解基本程序

1. 煤体平衡方程

一般而言，作用于物体上的外力可分为体积力和表面力，体积力是分布在物体体积内的力，如重力和惯性力；表面力是分布在物体表面上的力，如流体压力和接触力。从平面问题研究的物体中取一个微小的平行六面体，它在 x、y 和 z 方向的尺寸为 dx、dy、dz（图 5-2）。对各应力分量、变形分量和位移分量的符号做规定：在外法线的指向与坐标轴的正向一致的面上，应力的正向与坐标轴的正向相同；在外法线的指向与坐标轴的正向相反的面上，应力的正向与坐标轴的正向相反。正应变以伸长为正，压缩为负。剪应变以直角变小时为正，变大时为负。作用力和位移以沿坐标轴的正方向为正，沿坐标轴的负方向为负。

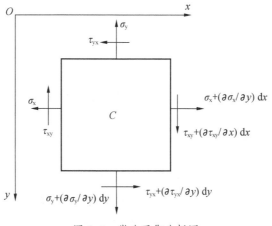

图 5-2 微分平衡分析图

以 x 方向为例，作用在左面上的正应力为 σ_x，剪应力为 τ_{xy}、τ_{xz}，由于坐标变化了 d_y，则作用在右面上的相应的正应力和剪应力分量分别为 $\sigma_x + \dfrac{\partial \sigma_x}{\partial x}dx$、$\tau_{xy} + \dfrac{\partial \tau_{xy}}{\partial x}dx$ 以及 $\tau_{xz} + \dfrac{\partial \tau_{xz}}{\partial x}dx$，其余两个方向的面以此类推。同时考虑到微元体除了表面有应力作用，还受到体积力的作用，因微元体体积很小，故可认为体积力均匀分布，则单位体积上作用的体积在 x、y、z 轴上以 X、Y、Z 来进行表示。

以 x 方向为例，列出的平衡方程 $\sum F_x = 0$，得：

$$\left(\sigma_x + \frac{\partial \sigma_x}{\partial x}dx\right)dydz - \sigma_x dydz + \left(\tau_{yx} + \frac{\partial \tau_{yx}}{\partial y}\right)dxdz -$$

$$\tau_{xy}dxdz + \left(\tau_{xz} + \frac{\partial \tau_{xz}}{\partial z}\right)dxdy - \tau_{xz}dxdy + Xdxdydz = 0 \qquad (5\text{-}1)$$

整理可以得到：

$$\frac{\partial \sigma_x}{\partial x} + \frac{\partial \tau_{yx}}{\partial y} + \frac{\partial \tau_{xz}}{\partial z} + X = 0 \qquad (5\text{-}2)$$

同理可由 $\sum F_y = 0$ 和 $\sum F_z = 0$ 得到总体的平衡微分方程组：

$$\begin{cases} \dfrac{\partial \sigma_x}{\partial x} + \dfrac{\partial \tau_{yx}}{\partial y} + \dfrac{\partial \tau_{xz}}{\partial z} + X = 0 \\[2mm] \dfrac{\partial \sigma_y}{\partial y} + \dfrac{\partial \tau_{zy}}{\partial z} + \dfrac{\partial \tau_{xy}}{\partial x} + Y = 0 \\[2mm] \dfrac{\partial \sigma_z}{\partial z} + \dfrac{\partial \tau_{xy}}{\partial x} + \dfrac{\partial \tau_{yz}}{\partial y} + Z = 0 \end{cases} \qquad (5\text{-}3)$$

用张量符号表示为

$$\sigma_{ij,\,j} + F_i = 0 \quad (i,\ j = 1,\ 2,\ 3) \tag{5-4}$$

式中 $\sigma_{ij,j}$——含瓦斯煤所受应力分量;

  F_i——体积力。

基于太沙基有效应力理论,含瓦斯煤中的瓦斯压力在对抗外力载荷时会与煤体骨架共同承担外界压力,但是只有通过骨架传递的有效应力才会使得煤岩产生变形,而通过孔隙中的水或气体传递的孔隙压力对煤体的强度和变形是没有影响的,所以通过该项理论对式(5-4)进行修正得到:

$$\sigma'_{ij} = \sigma_{ij} - \alpha P \delta_{ij} \tag{5-5}$$

联立式(5-4)、式(5-5)可以得到修正的含瓦斯煤的受力平衡微分方程为

$$\sigma'_{ij,\,j} + F_i + \alpha P \delta_{ij} = 0 \tag{5-6}$$

2. 煤体几何方程

煤体变形在空间问题中有 x、y、z 3 个方向上的位移分量,那么应变分量与位移分量应满足几何方程,即柯西方程,其张量符号形式为

$$\varepsilon_{ij} = \frac{1}{2}(u_{i,\,j} + u_{j,\,i}) \tag{5-7}$$

3. 煤体本构方程

在已有的含瓦斯煤的受力平衡方程和几何方程的基础下,可以得到含瓦斯煤的本构方程,该方程是用来描述在煤体发生变形时,所受到的应力与应变之间的关系。根据弹性力学原理,本构方程如下:

$$\sigma'_{ij} = 2G\varepsilon_{ij} + \lambda e \delta_{ij} \tag{5-8}$$

而在多物理量场耦合过程中,煤体应力与应变之间的关系复杂多变,其中包括热应变、瓦斯压力压缩煤体引起的应变、吸附瓦斯膨胀引起的应变以及应力导致的应变等。那么描述其应力应变关系的本构方程也应有所体现。

热膨胀应变是煤体有无应力状态的温度 T_0 上升到 T 时发生的热膨胀,则其热膨胀应变为

$$\varepsilon_T = \frac{\beta}{3}\Delta T = \frac{\beta}{3}(T - T_0) \tag{5-9}$$

瓦斯引起的应变分为压缩和膨胀两种,前者是由于孔隙内瓦斯压力增大引起煤体颗粒产生压缩,后者则是由于煤体颗粒吸附瓦斯引起的吸附膨胀。

其中压缩应变的线压缩应变量为

$$\varepsilon_Y = -\frac{K_Y}{3}\Delta P = -\frac{K_Y}{3}(P - P_0) \tag{5-10}$$

膨胀应变量为

$$\varepsilon_P = \frac{2\rho RTaK_Y}{9V_m}\ln(1+bP) \qquad (5-11)$$

综合以上分析，煤体的总应变为

$$\varepsilon = \varepsilon_T + \varepsilon_Y + \varepsilon_P + \varepsilon_{ij} \qquad (5-12)$$

$$\varepsilon = \frac{1}{2G}(\sigma' - \lambda e) + \frac{\beta}{3}\Delta T - \frac{K_Y}{3}\Delta P + \frac{2\rho RTaK_Y}{9V_m}\ln(1+bP) \qquad (5-13)$$

那么

$$\sigma' = 2G\varepsilon + \lambda e - 2G\left[\frac{\beta}{3}\Delta T - \frac{K_Y}{3}\Delta P + \frac{2\rho RTaK_Y}{9V_m}\ln(1+bP)\right] \qquad (5-14)$$

取 θ_T、θ_Y、θ_P 分别为热应力系数、瓦斯压缩系数以及瓦斯吸附膨胀系数：

$$\begin{cases} \theta_T = \dfrac{2G\beta}{3} \\[2mm] \theta_Y = -\dfrac{2GK_Y}{3} \\[2mm] \theta_P = \dfrac{2G \cdot 2\rho RK_Y}{9V_m} \end{cases} \qquad (5-15)$$

4. 煤岩体应力场方程

通过将几何方程式（5-7）代入本构方程式（5-14）中，得到：

$$\begin{cases} \sigma'_x = \lambda e + 2G\dfrac{\partial u}{\partial x} - \theta_T\Delta T - \theta_Y\Delta P - \theta_P aT\ln(1+bP) \\[2mm] \sigma'_y = \lambda e + 2G\dfrac{\partial v}{\partial y} - \theta_T\Delta T - \theta_Y\Delta P - \theta_P aT\ln(1+bP) \\[2mm] \sigma'_z = \lambda e + 2G\dfrac{\partial w}{\partial z} - \theta_T\Delta T - \theta_Y\Delta P - \theta_P aT\ln(1+bP) \\[2mm] \tau'_{xy} = G\left(\dfrac{\partial v}{\partial x} + \dfrac{\partial u}{\partial y}\right) \\[2mm] \tau'_{yz} = G\left(\dfrac{\partial w}{\partial y} + \dfrac{\partial v}{\partial z}\right) \\[2mm] \tau'_{xz} = G\left(\dfrac{\partial u}{\partial z} + \dfrac{\partial w}{\partial x}\right) \end{cases} \qquad (5-16)$$

再把其结果代入受力平衡方程式（5-16）中，得到 3 个式子的方程组：

$$\frac{\partial\left[\lambda e + 2G\frac{\partial u}{\partial x} - \theta_{\mathrm{T}}\Delta T - \theta_{\mathrm{Y}}\Delta P - \theta_{\mathrm{P}}aT\ln(1 + bP)\right]}{\partial x} +$$

$$\frac{2\left[G\left(\frac{\partial v}{\partial x} + \frac{\partial u}{\partial y}\right)\right]}{\partial y} + \frac{2\left[G\left(\frac{\partial u}{\partial z} + \frac{\partial w}{\partial x}\right)\right]}{\partial z} + \frac{\partial(\alpha P)}{\partial x} + X = 0$$

$$\frac{\partial\left[\lambda e + 2G\frac{\partial v}{\partial y} - \theta_{\mathrm{T}}\Delta T - \theta_{\mathrm{Y}}\Delta P - \theta_{\mathrm{P}}aT\ln(1 + bP)\right]}{\partial y} +$$

$$\frac{2\left[G\left(\frac{\partial v}{\partial x} + \frac{\partial u}{\partial y}\right)\right]}{\partial x} + \frac{2\left[G\left(\frac{\partial w}{\partial y} + \frac{\partial v}{\partial z}\right)\right]}{\partial z} + \frac{\partial(\alpha P)}{\partial y} + Y = 0$$

$$\frac{\partial\left[\lambda e + 2G\frac{\partial w}{\partial z} - \theta_{\mathrm{T}}\Delta T - \theta_{\mathrm{Y}}\Delta P - \theta_{\mathrm{P}}aT\ln(1 + bP)\right]}{\partial z} +$$

$$\frac{2\left[G\left(\frac{\partial w}{\partial y} + \frac{\partial v}{\partial z}\right)\right]}{\partial y} + \frac{2\left[G\left(\frac{\partial u}{\partial z} + \frac{\partial w}{\partial x}\right)\right]}{\partial x} + \frac{\partial(\alpha P)}{\partial z} + Z = 0 \qquad (5-17)$$

其中，以 X 轴方向的方程为例，展开方程得到：

$$\lambda\frac{\partial e}{\partial x} + 2G\frac{\partial^2 u}{\partial x^2} + G\frac{\partial^2 v}{\partial xy} + G\frac{\partial^2 u}{\partial y^2} + G\frac{\partial^2 u}{\partial z^2} + G\frac{\partial^2 w}{\partial xz} + X +$$

$$\frac{\partial(\alpha P)}{\partial x} - \theta_{\mathrm{T}}\frac{\partial(\Delta T)}{\partial x} - \theta_{\mathrm{Y}}\frac{\partial(\Delta P)}{\partial x} - \theta_{\mathrm{P}}\frac{\partial[aT\ln(1 + bP)]}{\partial x} = 0 \qquad (5-18)$$

经化简和各项的整理得到：

$$\lambda\frac{\partial e}{\partial x} + G\frac{\partial\left(\frac{\partial u}{\partial x} + \frac{\partial v}{\partial y} + \frac{\partial w}{\partial z}\right)}{\partial x} + G\left(\frac{\partial^2 u}{\partial x^2} + \frac{\partial^2 u}{\partial y^2} + \frac{\partial^2 u}{\partial z^2}\right) + X + \frac{\partial(\alpha P)}{\partial x}$$

$$\theta_{\mathrm{T}}\frac{\partial(\Delta T)}{\partial x} - \theta_{\mathrm{Y}}\frac{\partial(\Delta P)}{\partial x} - \theta_{\mathrm{P}}\frac{\partial[aT\ln(1 + bP)]}{\partial x} = 0 \qquad (5-19)$$

由于 $e = \varepsilon_{\mathrm{x}} + \varepsilon_{\mathrm{y}} + \varepsilon_{\mathrm{z}} = \frac{\partial u}{\partial x} + \frac{\partial v}{\partial y} + \frac{\partial w}{\partial z}$ 为体应变，同时引入拉普拉斯预算符号：$\nabla^2 = \frac{\partial^2}{\partial x^2} + \frac{\partial^2}{\partial y^2} + \frac{\partial^2}{\partial z^2}$，则式（5-19）可以得到简化为

$$(\lambda + G)\frac{\partial e}{\partial x} + G\nabla^2 u + X + \frac{\partial(\alpha P)}{\partial x}\theta_{\mathrm{T}}\frac{\partial(\Delta T)}{\partial x} - \theta_{\mathrm{Y}}\frac{\partial(\Delta P)}{\partial x} - \theta_{\mathrm{P}}\frac{\partial[aT\ln(1 + bP)]}{\partial x} = 0$$

$$(5-20)$$

同理可以得到相应 Y、Z 两个方向上的方程结果，即

$$(\lambda + G)\frac{\partial e}{\partial y} + G\nabla^2 v + Y + \frac{\partial(\alpha P)}{\partial y}\theta_{\mathrm{T}}\frac{\partial(\Delta T)}{\partial y} - \theta_{\mathrm{Y}}\frac{\partial(\Delta P)}{\partial y} - \theta_{\mathrm{P}}\frac{\partial[aT\ln(1+bP)]}{\partial y} = 0$$

$$(5-21)$$

$$(\lambda + G)\frac{\partial e}{\partial z} + G\nabla^2 w + Z + \frac{\partial(\alpha P)}{\partial z}\theta_{\mathrm{T}}\frac{\partial(\Delta T)}{\partial z} - \theta_{\mathrm{Y}}\frac{\partial(\Delta P)}{\partial z} - \theta_{\mathrm{P}}\frac{\partial[aT\ln(1+bP)]}{\partial z} = 0$$

$$(5-22)$$

结合 X 方向上的方程，且由于 $\lambda + G = G/(1-2v)$，所以进一步简化共同组成用张量表示的含瓦斯煤体的应力场方程：

$$Gu_{i,jj} + \frac{G}{1-2v}u_{j,ji} + F_i + \alpha P_i - \theta_{\mathrm{T}}(\Delta T)_i - \theta_{\mathrm{Y}}(\Delta P)_i - \theta_{\mathrm{P}}aT[\ln(1+bP)]_i = 0$$

$$(5-23)$$

5.2 承载煤岩体渗流场模型

煤体是多孔介质，其中充满了微小的孔隙，而根据实验和现场对瓦斯流动规律的测定，可以认为瓦斯的流动规律主要是遵循达西定律，即层流运动。而影响气体在煤层中的主要因素即煤层瓦斯压力和煤层的透气性系数。

（1）煤层瓦斯压力。煤层瓦斯压力指的是煤层中游离瓦斯的气体压力。在煤层瓦斯带以下，由于游离瓦斯存在于煤层中，瓦斯压力均有显现，并且随着煤层埋藏深度的增加，瓦斯压力也表现为升高的趋势。煤层瓦斯压力的大小可以对抽采瓦斯时瓦斯的渗流速度产生影响，压力越大，瓦斯渗流速度越快。

（2）煤层透气性系数。煤层透气性系数可以用来描述煤层中瓦斯气体流动的难易程度。由于原始煤层处于未开发的较稳定状态，透气性系数一般不高，因此瓦斯在其中的流速也很小，基本上符合达西渗流定律。

煤层透气性主要受到煤层内裂隙大小和分布的影响，裂隙越大，分布越密集煤层透气性则越大，反之亦然。而煤层中的裂隙一般分为两种：一种是煤体由于自身内部作用形成的裂隙，包括煤层层理和煤的胶粒结构；另一种是煤体受外力作用导致的裂隙，包括地质构造应力作用和采掘工作等引起的裂隙。煤层层理是有方向的，水平和垂直层理的不同对透气性的影响是很大的，相差可以达到数倍甚至数十倍。同时在此基础上煤本身的物理性质也有影响，包括煤的软硬变化、煤质的不均一等。

5.2.1 流体在多孔介质中的质量守恒

根据质量守恒定律，一定时间内，在多孔介质中流动的流体质量的变化量等

于流入与流出该介质的流体的质量差与介质自身产生或吸收的质量的和，即

$$\mathrm{div}(\rho q) + \frac{\partial(\rho n S_\mathrm{w})}{\partial t} = M \tag{5-24}$$

式中　　ρ——流体密度，$\mathrm{kg/m^3}$；

　　　　q——比流量矢量，$\mathrm{m^3/(m^2 \cdot d)}$；

　　　　n——孔隙率；

　　　　S_w——饱和度；

　　　　M——该体积内单位时间由源或汇产生或吸收的质量，$\mathrm{kg/(m^2 \cdot d)}$。

多孔介质内孔隙空间的流体饱和时，即 $S_\mathrm{w}=1$；不考虑源汇项时，即 $M=0$，有下式：

$$\mathrm{div}(\rho q) + \frac{\partial(\rho n)}{\partial t} = 0 \tag{5-25}$$

又因为控制体积单元尺寸很小，密度随时间的变化一般远大于随空间的变化，即

$$q\mathrm{grad}\rho \ll n\frac{\partial\rho}{\partial t}$$

所以式（5-25）可近乎表示为

$$\rho\mathrm{div}q + n\frac{\partial\rho}{\partial t} = 0 \tag{5-26}$$

5.2.2　流体在多孔介质中的运动与状态

流体在多孔介质中的运动符合达西定律，该定律用以描述饱和土中水的渗流速度与水力坡降之间的线性关系，而目前达西定律已经被广泛应用于煤层瓦斯流动和油气渗流等多方面领域，假设瓦斯流动服从达西定律，根据达西定律忽略瓦斯气体的质量，则有：

$$\begin{cases} v_{\mathrm{D}_x} = -\dfrac{k_\mathrm{x}}{\mu}\dfrac{\partial P}{\partial x} \\[2mm] v_{\mathrm{D}_y} = -\dfrac{k_\mathrm{y}}{\mu}\dfrac{\partial P}{\partial y} \\[2mm] v_{\mathrm{D}_z} = -\dfrac{k_\mathrm{z}}{\mu}\dfrac{\partial P}{\partial z} \end{cases}$$

或

$$v = -\frac{k}{\mu}\nabla P = -\frac{k}{\mu}P_\mathrm{i}\,(i = x,\ y,\ z) \tag{5-27}$$

式中　　v——达西速度，m/s；

μ——瓦斯动力黏度，Pa·s；

k——煤体渗透率，m²；

∇P——压力梯度，Pa/m。

5.2.3 流体在多孔介质中的状态

对于气体，其压缩性与压缩的热力学过程有关。对于理想气体（所谓理想气体是指气体分子无体积，气体分子间无相互作用力的一种假象气体），其体积和压力之间存在如下关系：

$$PV = nRT \tag{5-28}$$

式中　P——气体压力，Pa；

n——气体的摩尔数，mol；

R——摩尔气体常数，8.314J/（mol·K）

T——温度，K。

式（5-28）即为理想气体状态方程，可用于描述理想气体处于平衡状态时，压强、体积、物质的量和温度之间的关系。所以理想气体的密度可通过下式计算：

$$\rho_1 = \frac{M}{RT}P \tag{5-29}$$

式中　ρ_1——煤体中的气体密度，kg/m³；

M——煤体中气体的摩尔质量，kg/mol。

为将理想气体方程应用于真实气体，需要对其进行修正，一般通过在理想气体状态方程中引入系数 ξ，即气体压缩因子，则真实气体的密度为

$$\rho_1 = \frac{M}{\xi RT}P \tag{5-30}$$

一般认为当 $\xi=1$ 时，真实气体相当于理想气体；当 $\xi>1$ 时，表明真实气体比理想气体更加难以压缩；而当 $\xi<1$ 时，表明真实气体比理想气体更加易于压缩。当气体压力不超过 3.5 MPa，温度不超过 20 ℃时，瓦斯的压缩因子大于0.95，所以在含瓦斯煤中一般也认可其压缩因子为1。

5.2.4 煤岩体渗流场方程

根据模拟的假设条件以及上述理论，建立合理的渗流场方程。

首先，根据质量守恒原理，可以得到在时间 t 内相应的瓦斯气体的质量守恒方程：

$$\frac{\partial(\varphi\rho_1)}{\partial t} + \nabla(\varphi\rho_1 v_1) = 0 \tag{5-31}$$

式中 φ——孔隙率;

v_1——瓦斯速度，m/s。

同理得到含瓦斯煤的骨架的质量守恒方程:

$$\frac{\partial[(1-\varphi)\rho_s]}{\partial t} + \nabla[(1-\varphi)\rho_s v_s] = 0 \tag{5-32}$$

$$v_1 = v_s + v_r \tag{5-33}$$

式中 ρ_s——煤体密度，kg/m^3;

v_s——多孔介质的骨架速度，m/s。

v_r——瓦斯相对于骨架颗粒的速度，m/s。

所以，将式 (5-31) 与式 (5-32) 展开得到:

$$\varphi\frac{\partial\rho_1}{\partial t} + \rho_1\frac{\partial\varphi}{\partial t} + \varphi\rho_1\nabla v_1 = 0 \tag{5-34}$$

$$(1-\varphi)\frac{\partial\rho_s}{\partial t} - \rho_s\frac{\partial\varphi}{\partial t} + (1-\varphi)\rho_s\nabla v_s = 0 \tag{5-35}$$

然后，将式 (5-34) 除以 ρ_1, 式 (5-35) 除以 ρ_s 得到:

$$\frac{\varphi}{\rho_1}\frac{\partial\rho_1}{\partial t} + \frac{\partial\varphi}{\partial t} + \varphi\nabla v_1 = 0 \tag{5-36}$$

$$\frac{1-\varphi}{\rho_s}\frac{\partial\rho_s}{\partial t} - \frac{\partial\varphi}{\partial t} + (1-\varphi)\nabla v_s = 0 \tag{5-37}$$

将式 (5-36) 和式 (5-37) 相加得到:

$$\frac{\varphi}{\rho_1}\frac{\partial\rho_1}{\partial t} + \frac{(1-\varphi)}{\rho_s}\frac{\partial\rho_s}{\partial t} + \varphi\nabla v_1 + (1-\varphi)\nabla v_s = 0 \tag{5-38}$$

进一步将式 (5-38) 展开，其中后两项展开为

$$\varphi\nabla v_1 + (1-\varphi)\nabla v_s = \nabla v_s + \varphi\nabla v_r \tag{5-39}$$

其中 $\nabla v_s = \frac{\partial\varepsilon_v}{\partial t}$; $v_r = \frac{1}{\varphi}v$, 且 ε_v 为煤体应变量; 并且有 $\rho_1 = \frac{M}{RT}P$, $\rho_s = \rho_{s0}$ $\left(1+\frac{\Delta P}{K_s}\right)$, ρ_{s0} 为煤体初始密度，kg/m^3; ΔP 为煤体中气体压力变化值，Pa; $K_s = \frac{E}{3(1-2v)}$, E 为煤体体积模量，MPa。根据以上的参数代入式 (5-39) 中，即可以得到下式:

$$\varphi \frac{RT}{MP}\left(\frac{M}{RT}\frac{\partial P}{\partial t} - \frac{M}{RT^2}\frac{\partial T}{\partial t}\right) + \frac{1-\varphi}{K_s + \Delta P}\frac{\partial P}{\partial t} + \frac{\partial \varepsilon_v}{\partial t} = \nabla\left(\nabla \frac{k}{\mu} P\right) \qquad (5-40)$$

经过简化，即得到多场耦合的渗流场控制方程：

$$\left(\frac{\varphi}{P} + \frac{1-\varphi}{K_s + \Delta P}\right)\frac{\partial P}{\partial t} - \frac{\varphi}{T}\frac{\partial T}{\partial t} + \frac{\partial \varepsilon_v}{\partial t} = \nabla\left(\nabla \frac{k}{\mu} P\right) \qquad (5-41)$$

式（5-41）即为煤体渗流场的控制方程，第一项为气体压力变化对渗流的影响；第二项为温度对渗流场的影响项；第三项为煤体应力对其影响。该方程描述了在气体压力、温度和应力的影响下，该系统内的气体运移情况。该方程是热-流-固耦合模型的重要一部分，需要与应力场方程和温度场方程共同联立后方可进行模拟求解。

5.3 承载煤岩温度场模型

热量的传输有 3 种基本方式：导热、对流传热和热辐射，具体如下：

（1）导热。物体各部分之间不发生相对位移时，依靠分子、原子及自由电子等微观粒子的热运动而产生的热量传输称为导热，也称热传导。固体内部热量从温度较高的部分传到温度较低的部分，以及温度较高的固体把热量传输给与之接触的温度较低的另一固体，这些都是导热现象。

（2）对流传热。流体的宏观运动使流体各部分之间发生相对位移、冷热流体相互掺混所引起的热量传输过程是对流传热。其中，有 3 种对流换热方式：自然对流、强制对流以及有相变的对流换热。

（3）热辐射。物体通过电磁波来传输能量的方式称之为辐射。物体会因各种原因发出辐射能，其中因热的原因而发出辐射能的现象称之为热辐射。

煤岩破裂温度变化机理：当含瓦斯煤体在受到外力的过程中，不考虑外界环境影响的条件下，施加在含瓦斯煤上的载荷所做的功是其能量的全部来源，因此由能量守恒定律即热力学第一定律得：

$$\Delta U = Q + W \qquad (5-42)$$

式中　ΔU——内能的变化，J；

　　　Q——系统与环境交换的热（吸热为正，放热为负），J；

　　　W——系统与环境之间交换的功（环境对系统做功为正，系统对环境做功为负），J。

经前人的实验和分析可知，含瓦斯煤受外力破坏的过程中并不是一个恒温的过程，瓦斯的解吸、膨胀，外力做功致使煤体弹性潜能释放都会使得系统内温度变化，式（5-42）中 Q 主要包括由于瓦斯解吸、瓦斯膨胀所吸收的热量，这是导致煤体温度降低的主要原因；W 主要为煤体受到外力作用弹性势能释放，即外界对煤体做的功，这是导致煤体温度升高的主要原因。

假设瓦斯膨胀为绝热膨胀，那么当瓦斯发生膨胀时瓦斯内能转变为动能，使得瓦斯开始对外做功。由于瓦斯动能增加内能减少，导致含瓦斯煤系统整体温度发生变化。由热力学第一定律可知：

$$w = \frac{1}{k-1}(P_2 V_2 - P_1 V_1) \tag{5-43}$$

式中　　w——瓦斯膨胀所做的功，J/kg；

P_1——初始瓦斯压力，Pa；

V_1——初始瓦斯体积，m^3；

P_2——膨胀后瓦斯压力，Pa；

V_2——膨胀后瓦斯体积，m^3；

k——瓦斯的定压热容与定容热容的比值，即 $k = c_p/c_v$。

煤体吸附瓦斯的形式以物理吸附为主，假设瓦斯吸附与解吸的过程是可逆转的，那么瓦斯解吸过程中煤体内能将会转换为瓦斯动能，从而导致系统内能的减少：

$$w_q = -\frac{q_d \Delta V}{1000} \tag{5-44}$$

式中　　ΔV——瓦斯解吸量，m^3/t；

q_d——瓦斯的微分吸附热 $\left(q_d = \dfrac{A}{1+BP}\right.$，其中 A、B 为系数分别取 $A = 0.702$ J/m^3、$B = 0.242$ $MPa^{-1}\bigg)$，J/m^3。

对于煤岩骨架而言，依据热力学第一定律可得：

$$\frac{\partial(\rho_s c_s \Delta T)}{\partial t} + \nabla(k_s \nabla T) = W \tag{5-45}$$

式中　　ρ_s——煤体骨架的密度，kg/m^3；

c_s——煤体的热容，$J/(kg \cdot K)$；

ΔT——含瓦斯煤的温度变化值，K；

k_s——煤体的热传导系数，$W/(m \cdot K)$；

W——煤体所受外力做的功，J。

对于煤体中的气体而言，由热力学第一定律可以得到方程如下：

$$\frac{\partial(\varphi \rho_1 c_1 \Delta T)}{\partial t} + \varphi \nabla(k_1 \nabla T) = Q \tag{5-46}$$

式中 φ——煤体孔隙率；

ρ_1——煤体中气体的密度，kg/m^3；

c_1——煤体中气体的热容，$J/(kg \cdot K)$；

k_1——煤体中气体的热传导系数，$W/(m \cdot K)$；

Q——气体热源能量，J。

对于煤体中水分而言，由热力学第一定律可得：

$$\frac{\partial(\omega\rho_w c_w \Delta T)}{\partial t} + \nabla(k_w \nabla T) = E \tag{5-47}$$

式中 ω——含水率；

ρ_w——水的密度；

c_w——水的比热；

k_w——水的热传导系数；

E——水分的热源。

假设固体和流体之间总是处于热平衡状态，可将式（5-45）与式（5-46）、式（5-47）联立得到煤体的能量守恒方程：

$$(\rho_s c_s + \varphi\rho_1 c_1 + \omega\rho_w c_w)\frac{\partial T}{\partial t} + \Delta T\rho_1 c_1\frac{\partial\varphi}{\partial t} + \nabla(k_t \nabla T) = W + Q + E \tag{5-48}$$

式（5-48）中孔隙率对时间的偏导为

$$\frac{\partial\varphi_e}{\partial t} = \frac{-\partial\dfrac{(1-\varphi_0)P_1 + (1-\varphi_0)P}{P_1 - P_1\varepsilon_v + (1-\varepsilon_v)P - \varepsilon_1 Pe^{-b\omega}}}{\partial t} \tag{5-49}$$

化简后得：

$$\frac{\partial\varphi_e}{\partial t} = \frac{(1-\varphi_0)(P_1+P)^2}{[P_1 - P_1\varepsilon_v + (1-\varepsilon_v)P - \varepsilon_1 Pe^{-b\omega}]^2}$$
$$\frac{\partial\varepsilon_v}{\partial t} - \frac{(1-\varphi_0)[P_1 - P_1\varepsilon_v + (1-\varepsilon_v)P - \varepsilon_1 Pe^{-b\omega}](1-P_1-P)}{[P_1 - P_1\varepsilon_v + (1-\varepsilon_v)P - \varepsilon_1 Pe^{-b\omega}]^2}\frac{\partial P}{\partial t} \tag{5-50}$$

代入式（5-48）中可得：

$$(\rho_s c_s + \varphi\rho_1 c_1 + \omega\rho_w c_w)\frac{\partial T}{\partial t} + \frac{(1-\varphi_0)(P_1+P)^2}{[P_1 - P_1\varepsilon_v + (1-\varepsilon_v)P - \varepsilon_1 Pe^{-b\omega}]^2}$$
$$\frac{\partial\varepsilon_v}{\partial t} - \frac{(1-\varphi_0)[P_1 - P_1\varepsilon_v + (1-\varepsilon_v)P - \varepsilon_1 Pe^{-b\omega}](1-P_1-P)}{[P_1 - P_1\varepsilon_v + (1-\varepsilon_v)P - \varepsilon_1 Pe^{-b\omega}]^2}\frac{\partial P}{\partial t} +$$
$$\nabla(k_t \nabla T) = W + Q + E \tag{5-51}$$

这就是考虑到流固耦合状态下的温度场控制方程，该方程需要结合煤体本构方程和渗流方程共同进行求解。

5.4　其他影响因素

5.4.1　孔隙率动态模型

假设煤层中只有单相饱和的瓦斯气体，煤岩体属于线弹性变形，则根据孔隙率定义有：

$$\varphi = 1 - \frac{1 - \varphi_0}{1 + \varepsilon_v}\left(1 + \frac{\Delta V_s}{V_{s0}}\right) \tag{5-52}$$

式中　　φ——煤体的孔隙率；

　　　　φ_0——煤体的初始孔隙率；

　　　　ε_v——煤体的体应变；

　　　　ΔV_s——煤体骨架的体积变化量，m^3；

　　　　V_{s0}——煤体骨架初始体积，m^3。

不考虑温度以及吸附瓦斯解吸过程对煤岩体变形影响时，游离瓦斯压力变化引起煤岩骨架变形为

$$\frac{\Delta V_s}{V_{s0}} = -\frac{\Delta P}{K_s} \tag{5-53}$$

式中　　ΔP——瓦斯压力变化；

　　　　K_s——煤体骨架模量。

将式（5-52）代入式（5-53）中即可得含瓦斯煤的孔隙率动态变化模型：

$$\varphi = 1 - \frac{1 - \varphi_0}{1 + \varepsilon_v}\left(1 - \frac{\Delta P}{K_s}\right) \tag{5-54}$$

对于考虑到水分的孔隙率模型：

$$\varphi_e = 1 - \frac{1 - \varphi_0}{1 - \varepsilon_v - \dfrac{\varepsilon_1 P}{P_1 + P}e^{-b\omega}} - n\pi\frac{m_s\omega}{\rho_w S_t}\left(2r - \frac{m_s\omega}{\rho_w S_t}\right) \tag{5-55}$$

式中　　φ_e——考虑到水分的孔隙率；

　　　　m_s——烘干后的固体质量；

　　　　ω——含水率；

　　　　ρ_w——水的密度；

　　　　S_t——孔裂隙比表面积；

　　　　ε_1——吸附常数；

　　　　P_1——应变常数；

　　r——毛细管束的半径；

　　b——含水率的修正系数；

　　n——单位面积上毛细管束的根数。

孔隙率对时间的偏导为

$$\frac{\partial \varphi_e}{\partial t} = \frac{-\partial \dfrac{(1 - \varphi_0)P_1 + (1 - \varphi_0)P}{P_1 - P_1\varepsilon_v + (1 - \varepsilon_v)P - \varepsilon_1 Pe^{-b\omega}}}{\partial t} \tag{5-56}$$

化简后得：

$$\frac{\partial \varphi_e}{\partial t} = \frac{(1 - \varphi_0)(P_1 + P)^2}{[P_1 - P_1\varepsilon_v + (1 - \varepsilon_v)P - \varepsilon_1 Pe^{-b\omega}]^2} \frac{\partial \varepsilon_v}{\partial t} -$$

$$\frac{(1 - \varphi_0)[P_1 - P_1\varepsilon_v + (1 - \varepsilon_v)P - \varepsilon_1 Pe^{-b\omega}](1 - P_1 - P)}{[P_1 - P_1\varepsilon_v + (1 - \varepsilon_v)P - \varepsilon_1 Pe^{-b\omega}]^2} \frac{\partial P}{\partial t} \tag{5-57}$$

5.4.2　渗透率动态模型

　　多孔介质中渗透率与孔隙率大小有关，Kotyakhov 根据实验结果总结出多孔介质中渗透率与孔隙率之间的关系：

$$k_m = \frac{d_e^2 \varphi_m^3}{72(1 - \varphi_m)^2} \tag{5-58}$$

式中　k_m——多孔介质的渗透率，m^2；

　　　　φ_m——多孔介质的孔隙率；

　　　　d_e——多孔介质颗粒有效直径，mm。

　　根据式（5-58）可以得到渗透率与孔隙率的关系为

$$\frac{k_m}{k_{m0}} = \left(\frac{\varphi_m}{\varphi_{m0}}\right)^3 \left(\frac{1 - \varphi_{m0}}{1 - \varphi_m}\right)^2 \tag{5-59}$$

式中　k_{m0}——多孔介质的初始渗透率，m^2；

　　　　φ_{m0}——多孔介质的初始孔隙率。

　　又因为煤的孔隙率通常较小，故式（5-59）中 $\left(\dfrac{1-\varphi_{m0}}{1-\varphi_m}\right)^2$ 近似为1，所以渗透率与孔隙率之间的关系可表示为

$$\frac{k_m}{k_{m0}} = \left(\frac{\varphi_m}{\varphi_{m0}}\right)^3 \tag{5-60}$$

5.5　承载煤岩热—流—固耦合数学模型

　　前文已经在固体力学、渗流力学以及热力学的基础上分别建立了煤体应力场

变形本构方程、煤体渗流场方程以及温度场方程，为了更清晰地分析其耦合作用，将上述建立的各物理场主要控制方程进行汇总。

以下方程组即为煤体热—流—固耦合数学模型：

$$
\begin{cases}
Gu_{i,jj} + \dfrac{G}{(1-2v)}u_{j,ji} + F_i + \alpha P_i - \theta_T(\Delta T)_i - \theta_Y(\Delta P)_i - \\
\quad \theta_p aT[\ln(1+bP)]_i = 0 \\[2mm]
\left(\dfrac{\varphi}{P} + \dfrac{1-\varphi}{K_s + \Delta P}\right)\dfrac{\partial P}{\partial t} - \dfrac{\varphi}{T}\dfrac{\partial T}{\partial t} + \dfrac{\partial \varepsilon_v}{\partial t} = \nabla\left(\nabla \dfrac{k}{\mu}P\right) \\[2mm]
(\rho_s c_s + \varphi \rho_1 c_1 + \omega \rho_w c_w)\dfrac{\partial T}{\partial t} + \dfrac{(1-\varphi_0)(P_1 + P)^2}{[P_1 - P_1\varepsilon_v + (1-\varepsilon_v)P - \varepsilon_1 Pe^{-b\omega}]^2}\dfrac{\partial \varepsilon_v}{\partial t} - \\[2mm]
\quad \dfrac{(1-\varphi_0)[P_1 - P_1\varepsilon_v + (1-\varepsilon_v)P - \varepsilon_1 Pe^{-b\omega}](1 - P_1 - P)}{[P_1 - P_1\varepsilon_v + (1-\varepsilon_v)P - \varepsilon_1 Pe^{-b\omega}]^2}\dfrac{\partial P}{\partial t} + \\[2mm]
\quad \nabla(k_t \nabla T) = W + Q + E \\[2mm]
\varphi_e = 1 - \dfrac{1 - \varphi_0}{1 - \varepsilon_v - \dfrac{\varepsilon_1 P}{P_1 + P}e^{-b\omega}} - n\pi \dfrac{m_s\omega}{\rho_w S_t}\left(2r - \dfrac{m_s\omega}{\rho_w S_t}\right) \\[3mm]
\dfrac{k_m}{k_{m0}} = \left(\dfrac{\varphi_m}{\varphi_{m0}}\right)^3
\end{cases}
$$

式（5-23）是考虑到温度、气体等一系列因素的应力变形本构方程。该方程其中除了考虑到煤体自身弹性力学的应力应变以外，还将气体吸附导致煤体膨胀、气体压缩导致煤颗粒压缩，以及温度变化使煤体的膨胀等因素考虑在内。

式（5-41）是煤体作为多孔介质在存在气体渗流的情况下的渗流场方程。该方程从微观的角度进行分析和构建，反映了应力应变和温度方面对渗流的影响。

式（5-51）是煤体作为多孔介质而言，其整体依据热力学第一定律的温度场方程。该方程解释了在煤体受载变形过程中产生能量温度变化的原因，其中影响温度变化的主要因素包括煤体内气体的解吸扩散的吸热降温效应、煤体受载破裂前的弹性势能储能，以及方程中热传导系数的影响等。这些因素的耦合决定了煤体温度变化的情况。

式（5-55）和式（5-60）是煤体孔隙率和渗透率的动态变化模型。由于在煤体受载过程中，其孔隙率是动态变化的过程，而根据前人研究发现，孔隙率和渗透率之间存在一定的关系，那么渗透率也会相应发生变化。本模型在考虑到应力影响的前提下还考虑到煤体内水分的影响。

多物理场耦合关系示意图如图5-3所示。

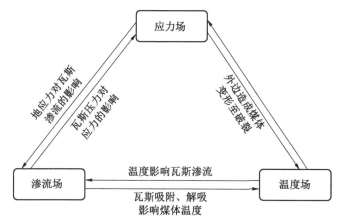

图5-3 多物理场耦合关系示意图

建立的各物理场的控制方程，只有同初始条件和边界条件一起才能构成煤体的热—流—固耦合数学模型。在解决数学物理问题时，通常需要（偏）微分方程对问题进行描述，而（偏）微分方程一般都有无穷多个解，但具体的物理问题只有其中一个唯一的解或特定解。而该数学模型为偏微分方程组，包括应力场方程、渗流场方程以及温度场方程，3个方程相互耦合，想要求解方程组，需要给出定解条件，即初始条件和边界条件。

其中，边界条件又分为第一类边界条件（Dirichlet边界条件）、第二类边界条件（Neumann边界条件）和第三类边界条件（Robin边界条件）。第一类边界条件用以直接描述物理系统边界上待求解的物理量；第二类边界条件描述物理系统边界上物理量的倒数情况；第三类边界条件可看为第一类和第二类的线性组合。

下列给出模型的定解条件，该定解条件描述煤体在含水含气条件下，单轴加载的过程：

（1）应力场的定解条件。

应力场边界条件：

$$u_i = \widetilde{u_i}(t) \tag{5-61}$$

式中 $\widetilde{u_i}$——煤体边界处的位移函数。

应力场初始条件：

$$u\big|_{t=0} = u_0 \tag{5-62}$$

式中　u_0——时间为零时含瓦斯煤体的位移，m。

（2）渗流场的定解条件。

渗流场边界条件：

$$P_s = \text{const} \tag{5-63}$$

式中　P_s——模型边界上的气体压力，Pa。

渗流场初始条件：

$$P\big|_{t=0} = P_0 \tag{5-64}$$

式中　P_0——时间为零时含瓦斯煤内部瓦斯的初始压力，Pa。

（3）温度场的定解条件。

温度场初始条件：

$$T\big|_{t=0} = T_0 \tag{5-65}$$

5.6　COMSOL 多物理场数值模拟简介

　　偏微分方程可以用来描述各个场内事物的运动和变化，因此多物理场耦合问题本质上即对多个物理场下的偏微分方程组（PDEs）求解。COMSOL Multiphysics 是一款大型的高级数值模拟仿真软件，以有限元法为基础，通过求解偏微分方程（单场）或偏微分方程组（多场）来实现真实物理现象的仿真。发展至今，COMSOL 已经有多个专业模块：结构力学模块、化学工程模块、地球科学模块、热传递模块、微机电模块、射频模块、AC/DC 模块、声学模块、RF 模块、反应工程实验室、信号与系统实验室、最优化实验室、CAD 导入模块、二次开发模块。并且 COMSOL Multiphysics 提供 3 种偏微分方程应用模式，可以灵活地解决各种偏微分方程，包括系数型、广义型、弱解型，其中系数型最简单、广义型最灵活、弱解型功能最强大。

　　COMSOL Multiphysics 软件在工程、科研领域应用十分广泛，主要得益于它的一系列特点：

　　（1）多场耦合问题即对偏微分方程组求解，软件自带的多个模块可由用户自由组合，对于简单问题方便易操作，就复杂问题还可自定义方程进行求解。

　　（2）物理场方程模块框架完全开放，用户可在模块中对方程进行调整。

　　（3）求解参数可以采用函数控制，包括材料属性、边界条件等。

　　（4）内嵌 CAD 建模工具，也可以全面第三方导入 CAD。

　　（5）支持多种网格的划分。

（6）丰富的后处理功能，可根据需要得到各种数据、曲线、云图等输出内容。

COMSOL Multiphysics 基本模块的组成如图 5-4 所示。

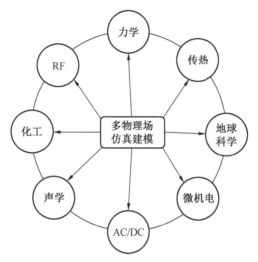

图 5-4　COMSOL Multiphysics 模块简介

针对不同的物理领域，COMSOL Multiphysics 软件中集成了大量的模型，主要包括以下模块：

（1）结构力学模块。结构力学模块为工程师提供了一个熟悉有效的计算环境，其图形拥护界面基于结构力学领域管用的符号和约定，使用于各种结构设计研究。在结构力学模块中，用户可以借助简便的操作界面，利用软件的耦合功能将结构力学分析与其他物理现象，如电磁场、流场、热传导等耦合起来进行分析。

（2）热传导模块。COMSOL Multiphysics 的热传导模块能解决的问题包括传导、辐射、对流及其任意组合方式。建模界面的种类包括面-面辐射、非等温流动、活性组织内的热传导，以及薄层和壳中的热传导等。热传导模块的一个重要特征就是它的模型库分成 3 个主要部分：电子工业中热分析、热处理和热加工、医疗技术和生物医学。这些模型几乎囊括了所有复杂的热力学问题。

（3）AC/DC 模块。AC/DC 模块视图模拟电容、感应器、电动机和微传感器等。AC/DC 模块的功能包括静电场、静磁场、准静态电磁场和其他物理场的耦合分析。当考虑电子元件作为大型系统的一个部件时，AC/DC 模块提供了一个可以从电路元件列表中进行选择的界面，以便用户可以选择需要的电路元件进行后续的有限元模拟。

（4）RF 模块。对于 RF、微波和光学工程的模拟，通常需要分级求解较大规模的传输设备，RF 模块则提供了这样的工具，包括功能强大的层匹技术和最佳求解器的选择，因此利用 RF 模块可以轻松地模拟天线、波导和光学元件。RF 模块提供了高级后处理工具，如 S-参数技术和远场分析等，这使得 COMSOL Multiphysics 的模拟分析能力得以进一步完善。

（5）地球科学模块。COMSOL Multiphysics 的地球科学模块包含了大量针对地下水流动的简易模型界面。这些界面允许快速边界地使用描述多孔介质流体的 Richards 方程、Darcy 定律、Darcy 定律的 Brinkman 扩展，以及自由流体中的 Navier-Stokes 方程等。该模块能够处理多孔介质中的热量传输和溶质反应，还可以求解地球物理和环境科学中的一些典型问题，如自由表面流动、多孔介质的流体流动、热传导和化学转换等问题。

（6）声学模块。声学模块主要用于分析产生、测量和利用声波的设备和仪器。该模块中不但可以耦合声学相关的行为，而且与其他物理现象也可以进行直接耦合，如结构力学和流体流动等。该模块的应用领域包括结构振动、空气声学、声压测量、阻尼分析等。

（7）化学工程模块。化学工程模块主要处理流体流动、扩散、反应过程的耦合场以及热传导耦合场等问题。该模块通过图形方式或方程方式来满足化学反应工程和传热现象的建模工作。化学工程模块主要用于分析反应堆、过滤堆、过滤和分离器、其他化学工业中的常见设备等。

（8）微电机模块。COMSOL Multiphysics 的微机电模块用于解决微机电研究和开发过程的建模问题。该模型处理的主要问题包括电动机械耦合、温度-机械耦合、流体结构耦合和微观流体系统问题等。

COMSOL Multiphysics 的建模求解流程如图 5-5 所示。

利用 COMSOL Multiphysics 进行多场耦合数值模拟需要以下 6 个过程：

（1）建立几何模型。COMSOL Multiphysics 软件自带较易于使用和相对完善的绘图工具，可以创建一维、二维和三维几何实体模型。

同时 COMSOL Multiphysics 还可以引入其他绘图软件的模型，例如 CAD 画图等，可以根据模拟要求和分析需要选择一维、二维、二维旋转、三维等多种画图手段，或者可以直接导入二维的 JPG、TIF 和 BMP 文件，并把它们转化为相应的模型。

（2）设置物理参数。在几何模型建立好的基础上，对要进行的耦合模拟的物

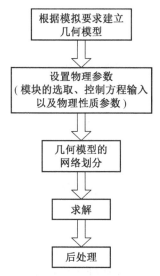

图 5-5　COMSOL Multiphysics 的建模求解流程图

理场和物质进行参数设定，包括物理常数的设定，求解控制方程或方程组的输入，各个物理场的边界条件以及物质的物理性质参数等。其中物理参数不仅可以是常量，还可以是模型变量、空间坐标和时间的函数，以此来进行动态参数设置。

（3）网格划分。COMSOL Multiphysics 软件有强大的默认网格划分功能，根据所需精度可以自由选择划分网格的粗细，此外，用户也可以根据模拟对象的几何形状和要求自定义网格划分，包括网格的形状、不同部位的疏密程度等。

（4）求解。在完成以上的设置后，就可以对模拟对象进行求解，该软件的求解器有默认的鲁棒性，能较快地对所建物理模型进行求解，求解的同时可以观察求解时的收敛情况，同时 COMSOL Multiphysics 还具有二次运算功能，方便用户使用。

（5）后处理。COMSOL Multiphysics 软件具有强大的后处理功能，根据需要显示 3D、2D 或剖面云图、曲线图，提取相应的数据或将数据导入生成线图进行对比等。根据不同问题的需要，可以选择相应的处理方法。

（6）优化及参数分析。多数情况下，模型的分析都包括参数的分析、优化设计、迭代设计和一个系统中几个部分结构之间连接的自动控制。在 COMSOL Multiphysics 中参数化求解器提供了一个进行检测一系列变量参数的有效方式。也可以将 COMSOL Multiphysics 模型保存为 ".M" 文件格式，将其作为 Matlab 脚本文件进行调用，然后进行优化设计或后处理。

5.7 多物理场耦合解算

5.7.1 基本假设

本章通过运用 COMSOL Multiphysics 模拟仿真软件来研究煤体热-流-固耦合效果，以及单轴压缩状态下的表面温度变化规律。由于煤在形成过程中的影响因素复杂，煤体本身呈现非均质特性，同时煤体内的瓦斯赋存与运移状况也很难以准确描述。而在没有直接热源的条件下，对其温度造成影响的主要因素为应力场、渗流以及瓦斯解吸膨胀等，故而本文在建模过程初期做出如下的一系列假设：

（1）含瓦斯煤为均质且各向同性的线弹性体。

（2）含瓦斯煤骨架的有效应力变化遵循太沙基有效应力规律。

（3）瓦斯在煤层中的渗流规律符合达西定律。

（4）将瓦斯视为理想气体，用气体状态方程表示其密度。

（5）煤体中吸附状态瓦斯服从朗缪尔吸附平衡方程。

（6）煤体的变形是微小的，煤体处于线弹性变形阶段，遵循广义胡克定律。

（7）经实验可知，该过程中煤体温度变化较小，温度对孔隙率以及应变的影响较小，暂不考虑温度对孔隙率和应变的影响。

5.7.2 软件内模型构建

打开 COMSOL Multiphysics 软件，将出现如图 5-6 所示的界面，其中提供两个新建模型的选项：模型向导和空模型。

图 5-6　模型建立窗口

选择空模型，则是从模型树的根节点处着手添加组件进行建模和研究。而模型向导则可以根据所模拟的内容进行递进式的选择模拟情况。

当你选择模型向导以后，界面将跳转到空间维度的选择（图 5-7），COMSOL 提供的空间维度包括：三维、二维轴对称、二维、一维轴对称、一维和零维等多种空间维度。根据模拟情况的需要选择相应合适的空间维度，本书模拟选择维度为二维轴对称和三维。

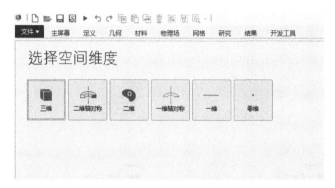

图 5-7　选择空间维度

空间维度选择完成后便可以添加物理场接口（图 5-8a），物理场接口根据不同的物理场分支进行组织，以便快速定位。这些分支并不直接与产品相对应。当 COMSOL 中添加新增产品时，物理分支下会自动增加相应的物理场接口。本书根据研究内容选择固体力学、达西定律以及多孔介质传热 3 个物理场接口进行模拟研究。物理场选择完成后，根据实际需要选择研究类型（图 5-8b），即用于计算的求解器或求解器组，本书选择瞬态研究。最后点击完成后，会根据已选择完成的模型导向中的设定来配置模型树。之后进入图形化操作界面（图 5-9），便可以开始按照建模过程开始进行建模研究。

在配置模型树的参数栏中键入模拟过程中需要的相关参数（图 5-10），这里的参数一般都是固定参数，名称可以自己进行自定义编写，但是需要注意不要与 COMSOL 中模块固有的参数名称重复，这样可能会导致模拟无法正常运行，并且可以在描述栏中进行对参数的标记。

除了定值参数以外，模型中的一些参数本身就是一个变量，会根据外部因素的变化而发生变化，但是并非模拟的主要结果，一般多是已有的经验公式。例如朗缪尔吸附方程、孔隙率渗透率变化方程等，这就需要把它们设置为变量，在配置模型树列表内对其表达式进行键入（图 5-11），这也是 COMSOL 多物理场耦合的一个特点。

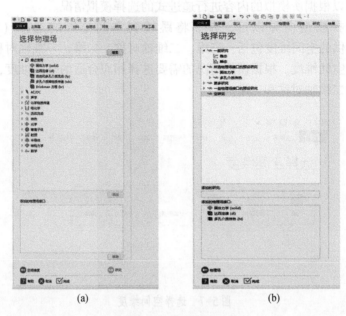

(a)   (b)

图 5-8　选择物理场与研究

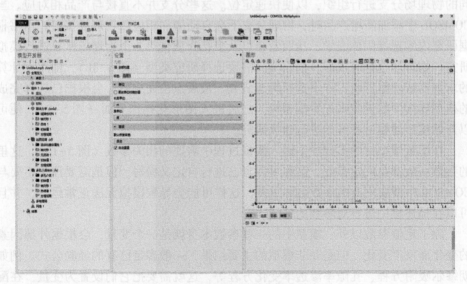

图 5-9　COMSOL 图形化操作界面

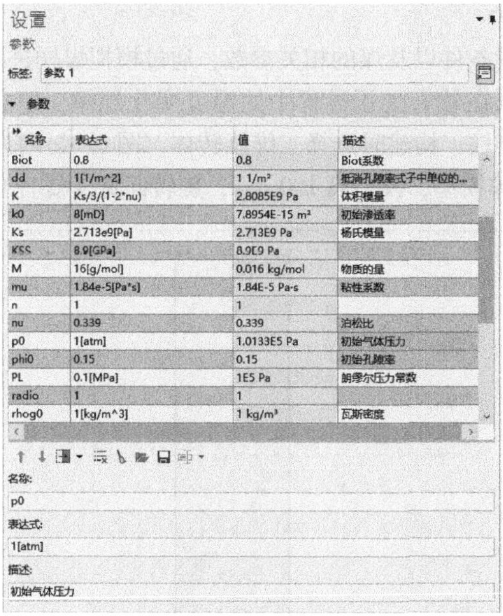

图5-10　相关参数键入

图5-11　根据模型进行变量编辑备用

1. 几何模型建立

根据上述的假设条件以及煤的相关参数，通过模拟煤样进行单轴加载至破坏的实验来研究含瓦斯煤在外力受压过程中的温度变化规律，建立含瓦斯煤的几何模型：模型为圆柱形煤柱，构建时选择二维旋转体，图5-12则为矩形旋转面，图5-13为旋转得到的煤体模型，模型高100 mm，旋转面宽（煤柱半径）为25 mm。

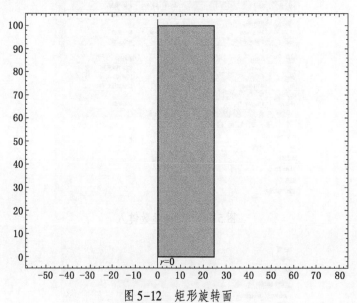

图5-12 矩形旋转面

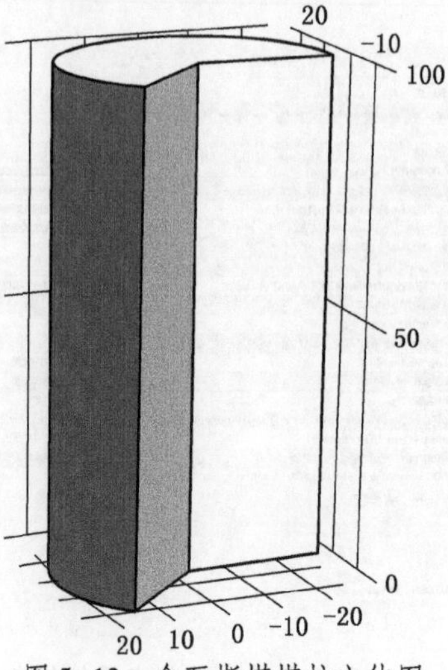

图5-13 含瓦斯煤煤柱立体图

选用软件中的多孔介质传热、固体力学以及达西定律 3 个模块，根据单轴压裂煤体实验，设置模拟时间为 15 min，模型底部为固定边界，侧表面为自由边界，顶部设定指定位移和荷载，整体上设定体载荷，不考虑外界温度影响的条件下设置模型初始温度为 293.15 K(20 ℃)，煤体内初始瓦斯压力为 1 MPa，自由边界上压力为 101 kPa。

2. 定义物理参数

由构建得到的煤体热—流—固耦合数学模型，展开数值模拟研究，因此需要定义相关参数，详见表5-1。

表5-1 模型相关参数

参数名称	符号	数值	单位
Boit 系数	α	0.8	
煤体密度	ρ_s	1350	kg/m^3
水的密度	ρ_w	1000	kg/m^3
瓦斯密度	ρ_1	0.717	kg/m^3
瓦斯黏滞系数	μ	1.84×10^{-5}	Pa·s
煤体弹性模量	E	2713	MPa
泊松比	v	0.339	
煤体热膨胀系数	α_s	1.16×10^{-4}	K^{-1}
煤体导热系数	k_s	0.443	W/(m·K)
气体导热系数	k_1	0.03	W/(m·K)
煤体比热容	c_s	1260	J/(kg·K)
瓦斯比热容	c_1	2160	J/(kg·K)
大气压力	P_a	0.1	MPa
平均孔径	r	2×10^{-7}	m
初始孔隙率	φ_0	0.15	
煤体渗透率	k	8	mD
Langmuir 常数	P_L	1	MPa
吸附常数	a	0.01416	m^3/kg
吸附常数	b	1.8	MPa^{-1}

3. 网格划分

在已经建立好的几何模型上划分网格，根据 COMSOL Multiphysics 软件的特性介绍，模型中网格划分需要根据模型的形状特征进行划分，适当的网格划分有利于计算精度的提高，大体上而言网格划分得越小越密集精度越高。依据需要选择网格划分为映射，最大单元大小为 0.5 mm，最小单元为 6×10^{-4} mm，曲率因子为 0.2，构建出的完整网格包含 10000 个域单元和 500 个边界元，网格划分如图 5-14 所示。

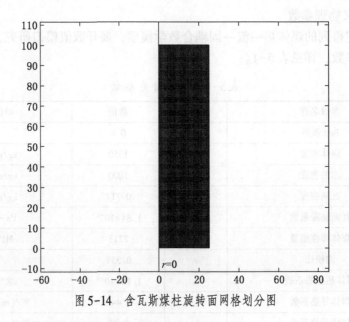

图 5-14　含瓦斯煤柱旋转面网格划分图

同时，对于边界条件的设置详见表 5-2。

表 5-2　模型的边界条件

名　　称	数值
初始瓦斯压力/MPa	1.0
煤体周边瓦斯压力/MPa	0.1
围压/MPa	0.1
煤体周边瓦斯流量/$(m \cdot s^{-1})$	0

模型计算的收敛情况图（图 5-15），可以在求解器进行计算时对它进行观察。该计算过程是逐渐收敛的，可以得到相应的结果，如果该图出现不收敛的情况，可以提前结束模拟计算进行调整，之后再重新进行计算。

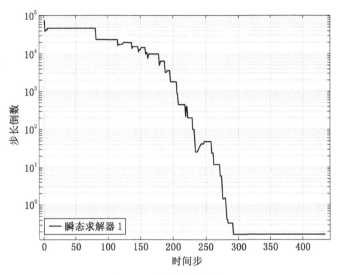

图 5-15   模拟计算收敛图

5.7.3   模拟解算结果

图 5-16 为煤体加载过程中的变形情况,变形主要发生在煤体的上层,由于该模拟对象进行的为单轴加压,所以模型主要在纵轴上出现变化,同时在横向上煤体也出现些许的膨胀,与实验中的单轴压缩结果相近。

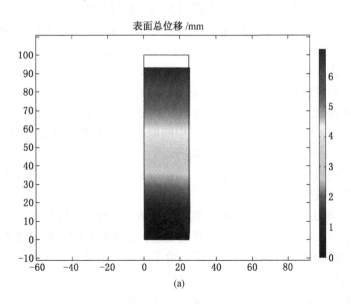

(a)

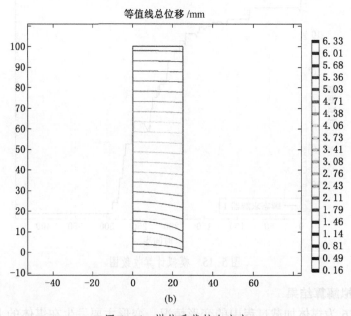

图 5-16　煤体受载轴向应变

图 5-17 与图 5-18 为模拟过程中含瓦斯煤体在压缩过程中的瓦斯压力云图以及瓦斯大致运移指示图，图 5-17a 为模拟初始时的煤体中瓦斯压力的差值，从图中可以看出，由于设置含瓦斯煤体的瓦斯压力为 1 MPa，所以煤体中的压力差较小；表面接触大气，大气压力为 0.1 MPa，因此压力差值较大。模拟开始初期（图 5-17b），由于受压，瓦斯开始解吸、开始向外渗流扩散，产生了瓦斯压力差值。经过短暂的快速解吸和瓦斯扩散后整个系统区域平稳地发展（图 5-18），由于压缩过程还在继续，煤体中瓦斯压力也发生变化，瓦斯的运移方向也发生了一定的变化。其中，图 5-18a 为压缩过程中间时间段内瓦斯运移的指示图，图 5-18b 为压缩过程后期至快结束时的运移指示图，出现这样的情况一方面与煤体受压造成煤体压缩减少了煤体孔隙率有关，另一方面也与煤体中瓦斯解吸后扩散出去使得瓦斯含量减少有关。

图 5-19、图 5-20 为模型的孔隙率与渗透率分布情况，模拟初期，煤体的孔隙率和渗透率分布较为均匀，当煤体开始受载，煤体的孔隙率和渗透率便开始发生变化。根据经验公式得到了分布特征，由于煤体边角部分为应力集中区域，所以那里的渗透率随着应力的增加而呈现降低的趋势。

煤体模拟单轴加载过程中的剖面温度分布变化如图 5-21 ~ 5-23 所示。

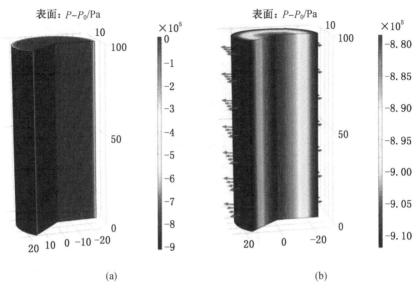

图 5-17 煤体初始及受压初期瓦斯流动云图

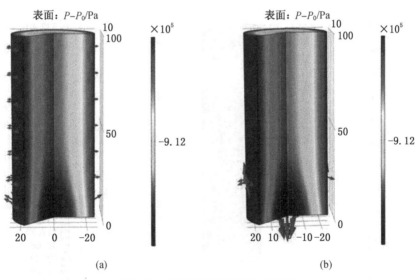

图 5-18 煤体受压后瓦斯流动云图

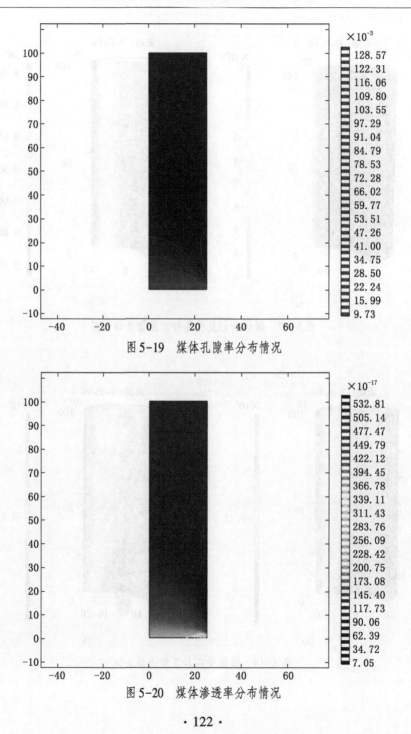

图 5-19　煤体孔隙率分布情况

图 5-20　煤体渗透率分布情况

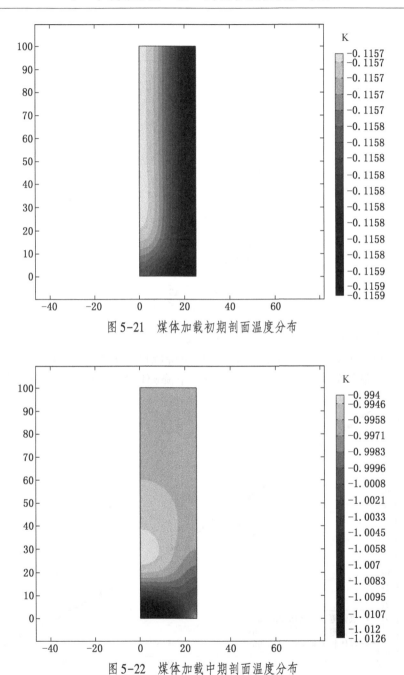

图 5-21　煤体加载初期剖面温度分布

图 5-22　煤体加载中期剖面温度分布

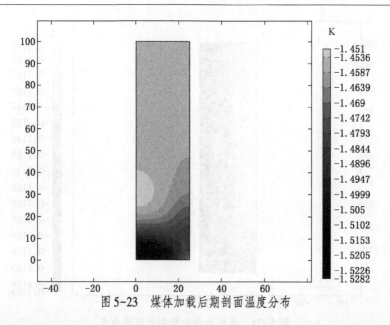

图 5-23　煤体加载后期剖面温度分布

图 5-24 为 3 个坐标点温度曲线的合集，其中可以看出含瓦斯煤体温度随着煤体受压持续下降。由云图可知系统温度下降幅度最大为 1.52 ℃，而在煤体表面温度下降最低的为坐标（25，15）点，下降幅度为 1.48 ℃，另外坐标（25，

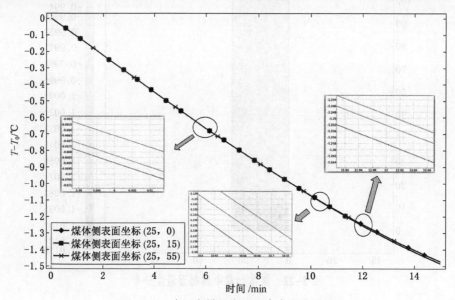

图 5-24　含瓦斯煤侧表面温度变化曲线图

0）和（25，55）温度下降分别为 1.46 ℃ 和 1.45 ℃。在此过程中，0~5.2 min 中，温度下降了 0.6 ℃；5.2~10.1 min 中，温度下降了 0.5 ℃；而 10.1~15 min 中，温度下降了 0.45 ℃。在 6 min 左右时，点（25，55）的温度曲线与点（25，15）的温度曲线较为接近，在 10.6 min 左右时，3 个点的温度呈近乎平行的趋势，而在 12 min 左右时，点（25，55）与点（25，0）的温度曲线开始靠近，直到最后结束。含瓦斯煤体表面温度下降幅度随受压时间逐渐降低，而不同位置下温度差异较小，最大只有 0.01 ℃ 左右，所以煤体的温度整体呈下降趋势。

为深入探讨含瓦斯煤在单轴压缩过程热—流—固耦合问题中各物理参量的影响效果，本节将建立 3 个计算方案来进行模拟计算，见表 5-3。方案一研究含瓦斯煤中初始瓦斯压力在此过程中的影响；方案二研究含瓦斯煤的杨氏模量对温度变化的影响；方案三考虑含瓦斯煤的含水率对煤体在此过程中的影响。

表5-3 数值模拟方案

方案	模	型
方案一： 煤体内初始瓦斯 压力的影响	模型 1	$P_0 = 0.1$ MPa
	模型 2	$P_0 = 0.2$ MPa
	模型 3	$P_0 = 0.3$ MPa
	模型 4	$P_0 = 0.4$ MPa
	模型 5	$P_0 = 0.5$ MPa
	模型 6	$P_0 = 0.7$ MPa
	模型 7	$P_0 = 0.1$ MPa
	模型 8	$P_0 = 0.12$ MPa
	模型 9	$P_0 = 0.15$ MPa
方案二： 煤杨氏模量的影响	模型 1	$E = 2.2$ GPa
	模型 2	$E = 2.4$ GPa
	模型 3	$E = 2.7$ GPa
	模型 4	$E = 3.0$ GPa
	模型 5	$E = 3.2$ GPa
方案三： 含水率的影响	模型 1	$\omega = 0$
	模型 2	$\omega = 1\%$
	模型 3	$\omega = 2\%$
	模型 4	$\omega = 3\%$
	模型 5	$\omega = 4\%$
	模型 6	$\omega = 5\%$

1. 当气体压力不同时

通过对不同瓦斯压力下的煤体进行模拟,得到如图 5-25 所示的煤体表面温度变化曲线,而图 5-26 是将图 5-25 的横坐标进行了对数代换,目的在于帮助分析初始瓦斯压力不同时煤体温度变化曲线图中曲线的走向。

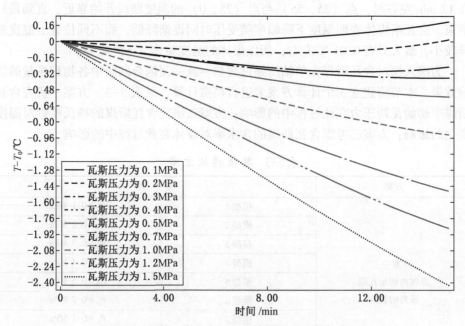

图 5-25 初始瓦斯压力不同的煤体表面温度变化曲线

根据图 5-25,可以看出煤体温度的大致走向是随着初始瓦斯压力的增大而呈现降低的趋势,且初始瓦斯压力越大,温度降低的越多,当瓦斯压力为 1.5 MPa 时,煤体表面温度最大变化幅度可以达到 2.46 ℃左右。但是当瓦斯压力为 0.1 MPa 即煤体中几乎不含游离瓦斯时,煤体温度呈上升趋势且温度升高至 0.198 ℃,这说明不含游离瓦斯时,没有瓦斯解吸以及瓦斯量增多带来的膨胀导致的吸热效应,只有煤体由于外力的作用压缩导致自身弹性势能的释放造成的内能升高。而当瓦斯压力为 0.2 MPa 时,可以通过图 5-25 与图 5-26 的比较发现该变化曲线中间有下凹,即煤体表面温度出现先降低后升高的现象,表明瓦斯压力较低,瓦斯含量较少,瓦斯先快速解吸吸热导致煤体温度降低,随着瓦斯扩散后,煤体内瓦斯减少,吸收的热量小于由于弹性势能释放的内能增加量,然后出现了温度升高的趋势,但最终的温度变化为-0.02 ℃。出现这种先降低后升高的曲线现象的还有初始内部瓦斯压力为 0.3 MPa、0.4 MPa,根据图 5-25 与图 5-26 对比也可以

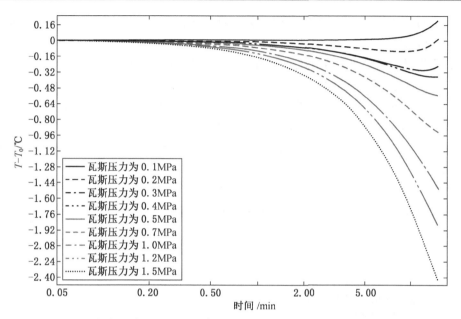

图 5-26 初始瓦斯压力不同的煤体表面温度变化曲线 (x 轴取对数刻度)

得到，一般在 10 min 左右时会出现拐点，直到瓦斯压力增加到 0.5 MPa 时，温度曲线不再出现这种现象。

煤体内瓦斯压力对最终煤体表面温度的影响，如图 5-27 所示。

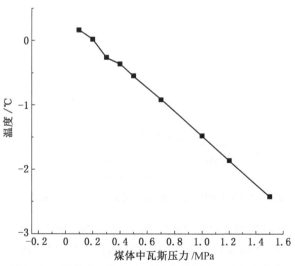

图 5-27 煤体内瓦斯压力对最终煤体表面温度的影响

通过图 5-27 可以看出随着煤体内瓦斯压力的增加，煤体表面温度成明显降低，当煤体中瓦斯压力较小时，会由于加载的影响使煤体温度发生较小的波动变化，而后随着煤体内瓦斯压力的增加，降温趋势和幅度越发明显。

2. 当弹性模量不同时

为了研究杨氏模量不同的煤在该过程中表面温度变化曲线与规律，按照方案二取 5 个不同的杨氏模量，同时控制变量保持其他的变量不变。与此同时由于在不同瓦斯压力状况下，可以得到由于瓦斯压力不同导致温度变化出现的大致 3 种情况：温度升高；温度先降低再升高；温度持续降低。所以在方案二的基础上，考虑对应的因素，模拟瓦斯压力在 0.1 MPa、0.3 MPa、1.0 MPa 时其表面温度曲线（图 5-28 ~ 图 5-31）以及出现拐点的时间（图 5-32）。

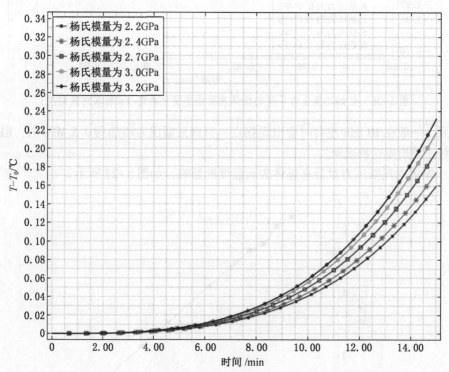

图 5-28　$P_0 = 0.1$ MPa 时不同杨氏模量下煤体表面温度变化曲线

通过计算模拟得到图 5-28、图 5-29、图 5-30 和图 5-31，根据模拟结果，$P_0 = 0.1$ MPa 时可以清晰地看出煤体表面温度随着煤的杨氏模量的增加，温度变化呈指数函数形式的上升而变化，在 6 min 之后杨氏模量的不同所呈现的温度变

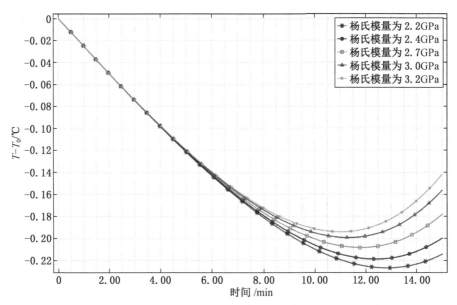

图 5-29 $P_0=0.3$ MPa 时不同杨氏模量下煤体表面温度变化曲线

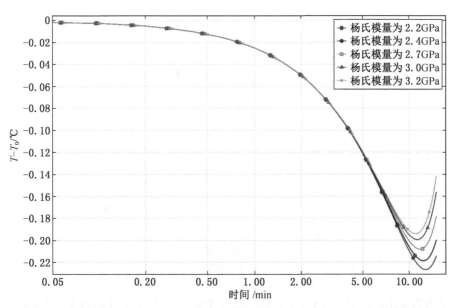

图 5-30 $P_0=0.3$ MPa 时不同杨氏模量下煤体表面温度变化曲线（x 轴取对数刻度）

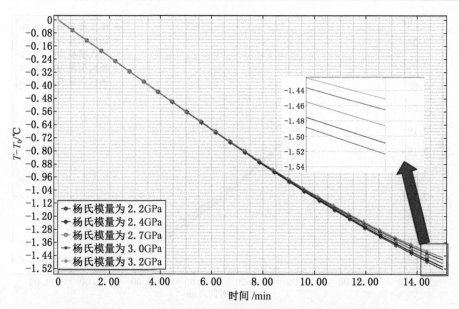

图 5-31 $P_0 = 1.0$ MPa 时不同杨氏模量下煤体表面温度变化曲线

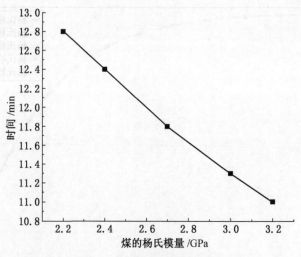

图 5-32 不同杨氏模量下煤体温度出现拐点的时间

化开始明显出现，且在 10 min 之后的温度主要上升期温度升高速率也有所增加，其中杨氏模量相差 0.2 GPa 时，最终温度变化相差大约为 0.01 ℃，杨氏模量相差 0.3 GPa 时，最终温度变化相差大约为 0.02 ℃。

图5-29为$P_0=0.3$ MPa时的煤体表面温度变化，呈现为先降低，然后有少量的回升，而煤的杨氏模量越大，煤体表面温度降低幅度越小，温度回升幅度越大；反之温度降低幅度越大，温度回升幅度越小。而且通过图5-32可以明显看到温度回升的拐点随着杨氏模量的增高会提前出现，并且随着煤的杨氏模量的增加，相邻的两曲线的终值差距在不断扩大。同时不同杨氏模量下，曲线中温度回升阶段中温度回升幅度大小也随杨氏模量增加而增加，其中$E=3.2$ GPa时最大为0.05 ℃左右；$E=2.2$ GPa时为0.012 ℃左右。

图5-31为$P_0=1.0$ MPa时的趋势图，煤体温度呈明显下降趋势，且不同杨氏模量状态下整体趋势大体相同，但杨氏模量的大小还是在一定程度上影响温度的变化，杨氏模量大的温度降低程度稍小，反之温度越低，每条曲线最终时刻温度的差值在0.01~0.02 ℃。

综合以上的模拟结果，煤的杨氏模量在煤体受单轴压缩的过程中煤体温度有一定程度的影响，煤的杨氏模量越大，煤体在压缩过程中弹性势能释放的热量越多，在一定程度上可以使得煤体温度升高，但当瓦斯压力较高时，与瓦斯解吸和瓦斯膨胀吸收的热量相比较而言，杨氏模量的影响不及煤体瓦斯压力的影响。同时对比3个瓦斯压力下不同杨氏模量的温度曲线，可以得到它们大致都在5.5min以后曲线出现较为明显的分叉，说明煤体温度与煤的杨氏模量间存在一定的关系。

3. 当含水率不同时

对于含水率而言，这里选择固定杨氏模量和气体压力单因素研究水分对于煤体受载过程中表面温度的影响。由于气体压力对煤体表面温度有明显影响，为了作对比，这里选取两个气体压力分别做单因素研究。选取的气体压力分别为0.1 MPa和1.0 MPa（图5-33）。

通过数值模拟计算得到含水率对于最终煤体的温度的变化影响较小，但是，根据模拟结果发现水分对于煤体内是否含有气体而言发挥着不一样的影响：当煤体内部不含气体时，即煤体内部气体压力为0.1 MPa，随着含水率的升高煤体在受载过程中表面温度是呈升高趋势的（前提是煤体含水后其他力学参数不发生改变）；当煤体内部气体压力为1.0 MPa时，随着含水率的升高，煤体在该过程中表面温度是呈降低趋势的。根据这两种条件下的模拟结果总结得到：水分使得煤体表面温度变化波动性增强，使煤体温度场的变化得到扩大，即原本为升温的过程，温度升高幅度提升；原本为降温的过程，温度降低幅度也随之增大。

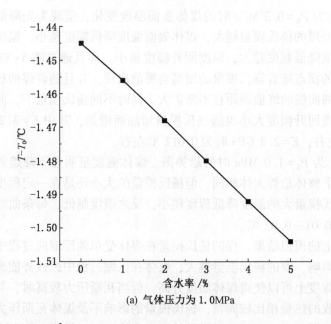

(a) 气体压力为 1.0MPa

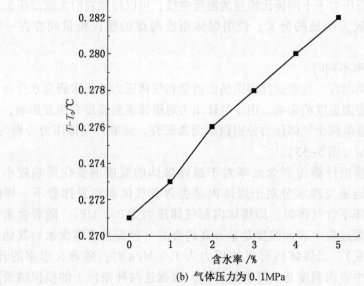

(b) 气体压力为 0.1MPa

图 5-33 两个不同气体压力在不同含水率下煤体温度模拟

参 考 文 献

[1] 倪维斗. 中国煤炭清洁高效利用之路 [C]. 北京：国际工程科技发展战略论坛, 2017.

[2] 中国能源研究会. 中国能源展望 2030 [M]. 北京：经济管理出版社, 2016.

[3] 何学秋, 王恩元, 聂百胜, 等. 煤岩流变电磁动力学 [M]. 北京：科学出版社, 2003.

[4] 石显鑫, 蔡栓荣, 冯宏, 等. 利用声发射技术预测预报煤与瓦斯突出 [J]. 煤田地质与勘探, 1998, 26 (3)：60-65.

[5] 李世愚, 和雪松, 张少泉, 等. 矿山地震监测技术的进展及最新成果 [J]. 地球物理学进展, 2005, 19 (4)：853-859.

[6] 姜福兴, 王存文, 杨淑华, 等. 冲击地压及煤与瓦斯突出和透水的微震监测技术 [J]. 煤炭科学技术, 2007, 35 (1)：26-28.

[7] 胡千庭, 周世宁, 周心权. 煤与瓦斯突出过程的力学作用机理 [J]. 煤炭学报, 2008, 33 (12)：1368-1372.

[8] 卞卫, 王补宣. 含内热源多孔介质中的混合对流 [J]. 工程热物理学报, 1992 (4)：394-399.

[9] 孙可明, 梁冰, 朱月明. 考虑解吸扩散过程的煤层气流固耦合渗流研究 [J]. 辽宁工程技术大学学报 (自然科学版), 2001 (4)：548-549.

[10] 尹光志, 赵洪宝, 许江, 等. 煤与瓦斯突出模拟试验研究 [J]. 岩石力学与工程学报, 2009, 28 (8)：1674-1680.

[11] 鲜学福, 辜敏, 李晓红, 等. 煤与瓦斯突出的激发和发生条件 [J]. 岩土力学, 2009, 30 (3)：577-581.

[12] 蒋承林, 俞启香. 煤与瓦斯突出过程中能量耗散规律的研究 [J]. 煤炭学报, 1996 (2)：173-178.

[13] 谢雄刚, 冯涛, 王永, 等. 煤与瓦斯突出过程中能量动态平衡 [J]. 煤炭学报, 2010, 35 (7)：1120-1124.

[14] 熊阳涛. 煤与瓦斯突出能量耗散机理理论与实验研究 [D]. 重庆：重庆大学, 2015.

[15] 张庆贺. 煤与瓦斯突出能量分析及其物理模拟的相似性研究 [D]. 济南：山东大学, 2017.

[16] 吴俊. 关于煤层气体热力学理论和若干参数计算的研究 [J]. 煤炭学报, 1989 (2)：99-112.

[17] 李萍丰, 马秀清, 姬长发. 煤与瓦斯突出的热力过程的初步探讨 [J]. 西安矿业学院学报, 1990 (3)：1-10.

[18] 吴鑫, 李基, 李国辉, 等. 煤与瓦斯突出热动力学过程试验研究 [J]. 中国安全科学学报, 2017, 27 (5)：105-110.

[19] Wu L, et al. Changes in infrared radiation with rock deformation [J]. International Journal of Rock Mechanics and Mining Sciences, 2002, 39 (6)：825-831.

[20] Wu L, et al. Precursors for rock fracturing and failure-Part II: IRR T-Curve abnormalities [J]. International Journal of Rock Mechanics and Mining Sciences, 2006, 43 (3)：483-493.

[21] Zhao Y, Jiang Y. Acoustic emission and thermal infrared precursors associated with bump-prone coal failure [J]. International Journal of Coal Geology, 2010, 83 (1): 11-20.

[22] Valliappan S, WOHUA Z. Numerical modelling of methane gas migration in dry coal seams [J]. International Journal for Numerical and Analytical Methods in Geomechanics, 1996, 20 (8): 571-593.

[23] Alexeev A D, Feldman E P, Vasilenko T A. Methane desorption from a coal-bed [J]. Fuel, 2007, 86 (16): 2574-2580.

[24] 郭立稳. 含瓦斯煤破裂过程的热效应 [D]. 徐州：中国矿业大学, 1999.

[25] 钟晓晖. 煤体破裂过程辐射温度场的研究 [D]. 唐山：河北理工学院, 2003.

[26] 孙志强. 煤与瓦斯突出过程温度变化研究 [D]. 唐山：河北理工学院, 2007.

[27] 郭立稳, 俞启香, 秦长江. 龙山煤矿煤与瓦斯突出温度异常现象分析 [J]. 矿业安全与环保, 2000 (S1): 53-56+148-149.

[28] 赵艾叶. 波兰煤矿用连续温度监测法预测预报煤与瓦斯突出 [J]. 中州煤炭, 1994 (6): 46-47.

[29] И. А. 雷任科, И. Я. 叶列明, 邵军. 按温度状况预测煤层近工作面地带的突出危险性 [J]. 煤炭工程师, 1989 (5): 43-45.

[30] И. А. 雷任科, 袁汉春. 按煤层近煤壁处温度状况预报突出危险 [J]. 煤矿安全, 1989 (4): 54-55+64.

[31] 林述寅, 邓文静. 深孔松动爆破防止煤与瓦斯突出措施效果的检查 [J]. 煤炭工程师, 1987 (1): 9-17.

[32] 王宏图, 鲜学福, 贺建民, 等. 用温度指标预测掘进工作面突出危险性的探讨 [J]. 重庆大学学报（自然科学版）, 1999 (2): 36-40.

[33] 贺建民, 王宏图, 鲜学福, 等. 煤层温度和应力梯度变化对煤层瓦斯压力计算的影响 [J]. 重庆大学学报（自然科学版）, 1999 (5): 95-98.

[34] 李俊华. 煤体温度预报煤与瓦斯突出及防治措施的初步认识 [J]. 湖南煤炭科技, 1992 (1): 31-35.

[35] 安志雄. 利用煤层温度确定煤层突出危险性 [J]. 煤矿安全, 1983 (11): 43-46.

[36] 黄祖焰, 周利华. 应用煤体温度进行突出预报的实践 [J]. 煤矿安全, 1986 (10): 6-9.

[37] 邵军. 突出危险煤层温度变化的研究和应用 [J]. 煤炭工程师, 1987 (4): 10-17.

[38] 周利华. 浅谈煤体温度变化对煤与瓦斯突出的影响 [J]. 煤矿安全, 1988 (8): 30-33.

[39] 谢松岩. 突出危险工作面煤体温度变化的研究 [J]. 煤炭技术, 2014, 33 (4): 44-46.

[40] 郭立稳, 俞启香, 蒋承林, 等. 煤与瓦斯突出过程中温度变化的实验研究 [J]. 岩石力学与工程学报, 2000 (3): 366-368.

[41] 郭立稳, 蒋承林. 煤与瓦斯突出过程中影响温度变化的因素分析 [J]. 煤炭学报, 2000 (4): 401-403.

[42] 郭立稳, 俞启香, 王凯. 煤吸附瓦斯过程温度变化的试验研究 [J]. 中国矿业大学学

报，2000（3）：65-67.

[43] 梁冰，刘建军. 煤和瓦斯突出发生过程中的温度作用机理研究 [J]. 中国地质灾害与防治学报，2000（1）：82-85.

[44] 程五一. 煤层瓦斯渗流煤体热效应机制的研究 [J]. 煤炭学报，2000（5）：506-509.

[45] 张才根. 红外测温仪用于煤样瓦斯解吸与温度关系的测量研究 [J]. 煤矿安全，1993（9）：17-18.

[46] 赵庆珍. 红外探测技术用于预测煤与瓦斯突出的试验 [J]. 采矿与安全工程学报，2009，26（4）：529-533.

[47] Jaeger J C, Cook N G W. Fundamentals of rock mechanics [J]. Halsted Press, New York U S A, 1976.

[48] 山口梅太郎，西松裕一. 岩石力学入门 [M]. 东京：东京大学出版会，1980.

[49] Brady B T, Rowell G A. Laboratory investigation of the eletrodynamics of rock fracture [J]. Nature, 1986, 321: 488-492.

[50] Martelli G, Smirh P N. Light radio frequeney emission and iorllzatlon effeets asgoeiated with rock fraerure [J]. Geophys, 1989: 397-401.

[51] 土出昌一，佐藤宽和. 热赤外放射温度大岛周边变色水域及三原山喷火口温度测定 [J]. 火山，1988，33：1-11.

[52] 强祖基，徐秀登，赁常恭. 卫星热红外异常——临震前兆 [J]. 科学通报，1990（17）：1324-1327.

[53] 崔承禹. 红外遥感技术的进展与展望 [J]. 国土资源遥感，1992（1）：16-26.

[54] 崔承禹，邓明德，耿乃光. 在不同压力下岩石光谱辐射特性研究 [J]. 科学通报，1993（6）：538-541.

[55] 崔承禹. 岩石力学、岩石温度与红外遥感相关实验研究 [J]. 红外，1996（2）：49.

[56] 耿乃光，崔承禹，邓明德. 岩石破裂实验中的遥感观测与遥感岩石力学的开端 [J]. 地震学报，1992（S1）：645-652.

[57] 邓明德，耿乃光，崔承禹，等. 岩石红外辐射温度随岩石应力变化的规律和特征以及与声发射率的关系 [J]. 西北地震学报，1995（4）：79-86.

[58] 支毅乔，崔承禹，张晋开，等. 红外热像仪在岩石力学遥感基础实验中的应用 [J]. 环境遥感，1996（3）：161-167.

[59] 邓明德，耿乃光，崔承禹，等. 岩石应力状态改变引起岩石热状态改变的研究 [J]. 中国地震，1997（2）：85-91.

[60] Ma L, et al. The role of stress in controlling infrared radiation during coal and rock failures [J]. Strain, 2018, 54 (6): e12295.

[61] Ma L, et al. Characteristics of Infrared Radiation of Coal Specimens Under Uniaxial Loading [J]. Rock Mechanics and Rock Engineering, 2016, 49 (4): 1567-1572.

[62] Wang C, et al. Predicting points of the infrared precursor for limestone failure under uniaxial

compression [J]. International Journal of Rock Mechanics and Mining Sciences, 2016, 88: 34-43.

[63] Sun X, et al. Experimental investigation of the occurrence of rockburst in a rock specimen through infrared thermography and acoustic emission [J]. International Journal of Rock Mechanics and Mining Sciences, 2017, 93: 250-259.

[64] Salami Y, Dano C, Hicher P Y. Infrared thermography of rock fracture [J]. Géotechnique Letters, 2017, 7 (1): 36-40.

[65] Li Z, et al. Study on coal damage evolution and surface stress field based on infrared radiation temperature [J]. Journal of Geophysics and Engineering, 2018, 15 (5): 1889-1899.

[66] 吴立新, 王金庄. 煤岩受压屈服的热红外辐射温度前兆研究 [J]. 中国矿业, 1997 (6): 42-48.

[67] 刘善军, 吴立新, 吴育华, 等. 受载岩石红外辐射的影响因素及机理分析 [J]. 矿山测量, 2003 (3): 67-68.

[68] 董玉芬, 王来贵, 刘向峰, 等. 岩石变形过程中红外辐射的实验研究 [J]. 岩土力学, 2001 (2): 134-137.

[69] 董玉芬, 于波, 郝凤山, 等. 煤变形破裂过程中红外信息的实验研究 [J]. 实验力学, 2002 (2): 206-211.

[70] 马瑾, 刘力强, 刘培洵, 等. 断层失稳错动热场前兆模式: 雁列断层的实验研究 [J]. 地球物理学报, 2007 (4): 1141-1149.

[71] 陈顺云, 刘力强, 刘培洵, 等. 应力应变与温度响应关系的理论与实验研究 [J]. 中国科学 (D辑: 地球科学), 2009, 39 (10): 1446-1455.

[72] 张艳博, 刘善军. 含孔岩石加载过程的热辐射温度场变化特征 [J]. 岩土力学, 2011, 32 (4): 1013-1017+1024.

[73] 陈智强, 张永兴, 周检英. 开挖诱发隧道围岩变形的红外热像试验研究 [J]. 岩土工程学报, 2012, 34 (7): 1271-1277.

[74] 马立强, 张垚, 孙海, 等. 煤岩破裂过程中应力对红外辐射的控制效应试验 [J]. 煤炭学报, 2017, 42 (1): 140-147.

[75] 杨桢, 齐庆杰, 叶丹丹, 等. 复合煤岩受载破裂内部红外辐射温度变化规律 [J]. 煤炭学报, 2016, 41 (3): 618-624.

[76] 杨桢, 代爽, 李鑫, 等. 受载复合煤岩变形破裂力电热耦合模型 [J]. 煤炭学报, 2016, 41 (11): 2764-2772.

[77] 李鑫, 杨桢, 代爽, 等. 受载复合煤岩破裂表面红外辐射温度变化规律 [J]. 中国安全科学学报, 2017, 27 (1): 110-115.

[78] 程富起, 李忠辉, 魏洋, 等. 基于单轴压缩红外辐射的煤岩损伤演化特征 [J]. 工矿自动化, 2018, 44 (5): 64-70.

[79] 朱连山. 关于煤层中的瓦斯膨胀能 [J]. 煤矿安全, 1985 (2): 47-50.

[80] 谭学术，鲜学福，肖勤学．矿井煤与瓦斯突出中瓦斯膨胀能探讨［J］．山东矿业学院学报，1986（1）：37-41.

[81] Liang Y，et al. Study on the influence factors of the initial expansion energy of released gas［J］. Process Safety and Environmental Protection，2018，117：582-592.

[82] Wang C，et al. Comparison of the initial gas desorption and gas-release energy characteristics from tectonically-deformed and primary-undeformed coal［J］. Fuel，2019，238：66-74.

[83] An F，et al. Expansion energy of coal gas for the initiation of coal and gas outbursts［J］. Fuel，2019，235：551-557.

[84] 牛国庆，颜爱华，刘明举．煤与瓦斯突出过程中温度变化的实验研究［J］．湘潭矿业学院学报，2002（4）：20-23.

[85] 刘彦伟，浮绍礼，浮爱青．基于突出热动力学的瓦斯膨胀能计算方法研究［J］．河南理工大学学报（自然科学版），2008（1）：1-5.

[86] 刘明举，颜爱华，丁伟，等．煤与瓦斯突出热动力过程的研究［J］．煤炭学报，2003（1）：50-54.

[87] 刘明举，颜爱华．煤与瓦斯突出的热动力过程分析［J］．焦作工学院学报（自然科学版），2001（1）：1-7.

[88] 魏风清，史广山，张铁岗．基于瓦斯膨胀能的煤与瓦斯突出预测指标研究［J］．煤炭学报，2010，35（S1）：95-99.

[89] 齐黎明，陈学习，程五一．瓦斯膨胀能与瓦斯压力和含量的关系［J］．煤炭学报，2010，35（S1）：105-108.

[90] 蒋承林，陈松立，陈燕云．煤样中初始释放瓦斯膨胀能的测定［J］．岩石力学与工程学报，1996（4）：92-97.

[91] 姜永东，郑权，刘浩，等．煤与瓦斯突出过程的能量分析［J］．重庆大学学报，2013，36（7）：98-101.

[92] 梁冰．温度对煤的瓦斯吸附性能影响的试验研究［J］．黑龙江矿业学院学报，2000（1）：20-22.

[93] 牛国庆，颜爱华，刘明举．煤吸附和解吸瓦斯过程中温度变化研究［J］．煤炭科学技术，2003（4）：47-49.

[94] 牛国庆，颜爱华，刘明举．瓦斯吸附和解吸过程中温度变化实验研究［J］．辽宁工程技术大学学报，2003（2）：155-157.

[95] 刘纪坤，何学秋，王翠霞．红外技术应用煤体瓦斯解吸过程温度测量［J］．辽宁工程技术大学学报（自然科学版），2013，32（9）：1161-1165.

[96] 刘纪坤，王翠霞．含瓦斯煤解吸过程煤体温度场变化红外测量研究［J］．中国安全科学学报，2013，23（9）：107-111

[97] 刘志祥，冯增朝．煤体对瓦斯吸附热的理论研究［J］．煤炭学报，2012，37（4）：647-653.

[98] 马月彬，董利辉，赵越超，等．煤体吸附瓦斯过程温度场变化实验研究［J］．煤矿安

全, 2018, 49 (9): 14-17+21.

[99] 杨涛. 煤体瓦斯吸附解吸过程温度变化实验研究及机理分析 [D]. 北京: 中国矿业大学, 2014.

[100] Bear J, Corapcioglu M Y. A mathematical model for comsolidation in athermoelastic aquifer due to hot water injection or pumping [J]. Water Resource Res, 1981 (17): 723-736.

[101] Vaziri H H. Coupled fluid flow and stress analysis of oil sand subject to heating [J] CPT, 1988, 27 (5): 84-91.

[102] Lewis R W, Sukirman Y. Finite element modelling of three phase flow in deforming saturated oil reservoirs [J]. Int J Num Anal Methods Geomech, 1993 (17): 577-598.

[103] Lewis R W. Finite element modeling of two phase heat and fluid flow in deforming media [J]. Trans Porous Media, 1989 (4): 319-334.

[104] 孔祥言, 李道伦, 徐献芝, 等. 热—流—固耦合渗流的数学模型研究 [J]. 水动力学研究与进展, 2005, 20 (2): 269-275.

[105] 黄涛. 裂隙岩体渗流—应力—温度耦合作用研究 [J]. 岩石力学与工程学报, 2002, 21 (1): 77-82.

[106] 王自明. 油藏热流固耦合模型研究及应用初探 [D]. 成都: 西南石油学院, 2002.

[107] 贺玉龙, 杨立中, 杨吉义. 非饱和岩体三场耦合控制方程 [J]. 西南交通大学学报, 2006, 41 (4): 419-423.

[108] 刘建军, 梁冰, 章梦涛. 非等温条件下煤层瓦斯运移规律的研究 [J]. 西安矿业学院学报, 1999, 19 (4): 302-308.

[109] 梁冰, 刘建军, 王锦山. 非等温情况下煤和瓦斯固流耦合作用的研究 [J]. 辽宁工程技术大学学报, 1999, 18 (5): 483-486.

[110] 梁冰, 刘建军, 范厚彬, 等. 非等温条件下煤层中瓦斯流动数学模型及数值解法 [J]. 岩石力学与工程学报, 2000, 19 (1): 1-5.

[111] 刘建军. 煤层气热—流—固耦合渗流的数学模型 [J]. 武汉工业学院学报, 2002 (2): 91-94.

[112] 李宏艳. 非等温气固耦合模型及有限元分析 [D]. 阜新: 辽宁工程技术大学, 2000.

[113] 董平川. 油气储层流固耦合理论、数值模拟及应用 [D]. 沈阳: 东北大学, 1997.

[114] 魏晨慧. 热流固耦合条件下煤岩体损伤模型及其应用 [D]. 沈阳: 东北大学, 2012.

[115] 韦纯福. 受载含瓦斯煤体流—固耦合模型及其应用研究 [D]. 焦作: 河南理工大学, 2014.

[116] 张宁. 煤岩损伤演化与瓦斯渗流的热流固耦合分析 [D]. 徐州: 中国矿业大学, 2017.

[117] 胡国忠, 许家林, 王宏图, 等. 低渗透煤与瓦斯的固—气动态耦合模型及数值模拟 [J]. 中国矿业大学学报, 2011, 40 (1): 1-6.

[118] 秦涛, 张凯云, 刘永立. 不同温度下含瓦斯煤岩体的多场耦合数值模拟 [J]. 黑龙江科技大学学报, 2014, 24 (4): 341-344.

[119] 盛金昌. 多孔介质流—固—热三场全耦合数学模型及数值模拟 [J]. 岩石力学与工程学报, 2006 (S1): 3028-3033.

[120] 陶云奇. 含瓦斯煤 THM 耦合模型及煤与瓦斯突出模拟研究 [D]. 重庆: 重庆大学, 2009.

[121] 赵阳升, 杨栋, 冯增朝, 等. 多孔介质多场耦合作用理论及其在资源与能源工程中的应用 [J]. 岩石力学与工程学报, 2008 (7): 1321-1328.

[122] Zhao Y, Huisheng Q, Qizen B. A mathematical model for solid-gas coupled problems on the methane flowing in coal seam [J]. Acta Mechanica Solida Sinica, 1994, 4 (6): 459-466.

[123] 尹光志, 蒋长宝, 许江, 等. 含瓦斯煤热流固耦合渗流实验研究 [J]. 煤炭学报, 2011, 36 (9): 1495-1500.

[124] 杨通, 刘峰. 多孔介质热流固耦合有限元分析 [J]. 河北理工大学学报 (自然科学版), 2011, 33 (1): 12-17.

[125] 李勇, 林缅, 张召彬. 热—流—固耦合渗流的数学模型及其应用 [J]. 水动力学研究与进展 (A 辑), 2015, 30 (1): 56-63.

[126] 冯雨实, 梁永昌. 煤层气水平井井周围岩热流固耦合数值分析 [J]. 煤矿安全, 2018, 49 (1): 206-209.

[127] 李涛, 张俊文, 金珠鹏. 含瓦斯煤岩体固—气—热耦合数值分析 [J]. 黑龙江科技大学学报, 2017, 27 (1): 17-21.

[128] 吴立新. 煤岩强度机制及矿压红外探测基础实验研究 [D]. 徐州: 中国矿业大学, 1997.

[129] 刘善军, 吴立新. 岩石受力的红外辐射效应 [M]. 北京: 冶金工业出版社, 2005.

[130] 董玉芬, 杜洪贵, 任伟杰, 等. 煤岩的红外信息随应力变化的实验研究 [J]. 辽宁工程技术大学学报 (自然科学版), 2001, 20 (4): 495-496.

[131] 杨少强, 杨栋, 王国营, 等. 页岩变形过程中表面红外辐射演化规律探究 [J]. 地下空间与工程学报, 2019, 15 (1): 211-218.

[132] 杨阳, 吴贤振, 刘浩, 等. 基于欧氏距离的单轴压缩下粉砂岩热图像演化特性研究 [J]. 中国矿业, 2017, 26 (3): 132-135.

[133] 杨阳, 梅力, 梁启超, 等. 单轴压缩条件下饱水粉砂岩红外温度场的分形特征研究 [J]. 中国矿业, 2017, 26 (8): 160-164.

[134] 刘善军, 魏嘉磊, 黄建伟, 等. 岩石加载过程中红外辐射温度场演化的定量分析方法 [J]. 岩石力学与工程学报, 2015, 34 (S1): 2968-2976.

[135] 程富起. 含瓦斯煤损伤破坏红外辐射特征及表面计算应力场研究 [D]. 徐州: 中国矿业大学, 2019.

[136] 谢和平, 陈至达. 分形 (fractal) 几何与岩石断裂 [J]. 力学学报, 1988 (3): 264-271.

[137] 谢和平, 高峰. 岩石类材料损伤演化的分形特征 [J]. 岩石力学与工程学报, 1991 (1): 74-82.

[138] 高保彬，李回贵，李化敏，等．含水煤样破裂过程中的声发射及分形特性研究 [J]．采矿与安全工程学报，2015，32（4）：665-670.

[139] 吴贤振，刘祥鑫，梁正召，等．不同岩石破裂全过程的声发射序列分形特征试验研究 [J]．岩土力学，2012，33（12）：3561-3569.

[140] 文圣勇，韩立军，宗义江，等．不同含水率红砂岩单轴压缩试验声发射特征研究 [J]．煤炭科学技术，2013，41（8）：46-48.

[141] 尹小涛，葛修润，李春光，等．加载速率对岩石材料力学行为的影响 [J]．岩石力学与工程学报，2010，29（1）：2610-2615.

[142] 苏承东，李怀珍，张盛，等．应变速率对大理岩力学特性影响的试验研究 [J]．岩石力学与工程学报，2013，32（5）：943-950.

[143] 谢和平．岩石变形破坏过程中的能量耗散分析 [J]．岩石力学与工程学报，2004.

[144] 尤明庆，华安增．岩石试样破坏过程的能量分析 [J]．岩石力学与工程学报，2002（6）：778-781.

[145] 苏承东，孙玉宁，张振华，等．饱水对煤层顶板砂岩单轴压缩破坏能量影响的分析 [J]．实验力学，2017，32（2）：223-231.

[146] 黄达，黄润秋，张永兴．粗晶大理岩单轴压缩力学特性的静态加载速率效应及能量机制试验研究 [J]．岩石力学与工程学报，2012，31（2）：245-255.

[147] 邓明德，房宗绯，刘晓红，等．水在岩石红外辐射中的作用研究 [J]．中国地震，1997（3）：94-102.

[148] 刘善军，吴立新，张艳博，等．潮湿岩石受力过程红外辐射的变化特征 [J]．东北大学学报（自然科学版），2010，31（2）：265-268.

[149] ZANG A W C F D. Acoustic emission, microstructure, and damage model of dry and wet sandstone stressed to failure [J]. Journal of Geophysical Research：Solid Earth, 1996, 101 (B8)：17507-17521.

[150] 张超，张安斌，张艳博，等．干燥与饱水泥质粉砂岩破裂声发射及损伤演化 [J]．辽宁工程技术大学学报（自然科学版），2016，35（7）：705-711.

[151] 张丽萍．低渗透煤层气开采的热—流—固耦合作用机理及应用研究 [D]．徐州：中国矿业大学，2011.

[152] Zimmerman Williamm B J，中仿科技公司．COMSOL Multiphysics 有限元法多物理场建模与分析 [M]．北京：人民交通出版社，2007.

[153] 陶云奇．含瓦斯煤 THM 耦合模型建立 [J]．煤矿安全，2012，43（2）：9-12.

[154] 王登科．含瓦斯煤岩本构模型与失稳规律研究 [D]．重庆：重庆大学，2009.

[155] 赵源．基于含水率的固—气耦合模型构建及裂隙瓦斯流动规律研究 [D]．重庆：重庆大学，2018.